コンラート・ローレンツ
日高敏隆［訳］

ソロモンの指環

動物行動学入門

Er redete mit dem Vieh,
den Vögeln und den Fischen

早川書房

ソロモンの指環

——動物行動学入門

ER REDETE MIT DEM VIEH, DEN VÖGELN
UND DEN FISCHEN

by

Konrad Lorenz

Translated by
Toshitaka Hidaka
First published by Verlag Dr.Borotha Schoeler, Vienna, 1949
Published 2022 in Japan by
HAYAKAWA PUBLISHING, INC.
This book is published in Japan by
arrangement with
DEUTSCHER TASCHENBUCH VERLAG GMBH & CO. KG
through MEIKE MARX LITERARY AGENCY JAPAN.

まえがき

わが怒りもてなせるものは
華やかに生い育ちたれど
一夜すぎ――雨に消えたり

わが愛より播《ま》けるものは
つねに芽ぐむ
その実りおそけれど――祝福はその上にあり！

ペーター・ローゼッガー
（一八四三～一九一八）

動物の話を書くためには、生きている動物たちにあたたかい、いつわりのない感覚をもっていなくてはならない。私にその資格があるといっても、許していただけるものと思う。ただし、この本はなによりも生きた動物たちにたいする私の愛から生まれたことにまちがいはないが、と同時に、動物のことをあつかったもろもろの本にたいする私の怒りから生まれたものでもあったので、オーストリアの作家ペーター・ローゼッガーのこの美しい詩は、私には思いもかけぬものだった。告白しなくてはならないが、いままでに私が怒りをもってなしたことがあったとすれば、それはこの動物の本を書いたことである。

なににたいする怒りか？　今日《こんにち》あらゆる出版社から刊行されているおよそ悪質な虚偽にみちた動物の話にたいする怒り、動物のことを語ると称しながら動物について何一つ知らぬ著者たちにたいする怒りだ。ミツバチの口を開かせて叫ばせたり、闘う二匹のカワカマスにたがいの喉笛《のどぶえ》に食らいつかせたりする人は、自分が親しく見たり愛したりしたと称する動物を、じつはその片鱗《へんりん》すら知らないということをみずから証明しているのだ。手もとにある動物愛好会の会報でみた知識で一冊の動物の本が書けるのなら、かつてのヘック、ベンクト・ベールィ、パウル・アイパー、アーネスト・シートン、ヴェッシャ・クヴォネジンといった博物誌の著者たちは大馬鹿者というべきだろう。彼らは動物の研究に全生涯をかけてしまったのだから。無責任に書かれた動物の話が読者たち、とくに強い関心をもつ少年たちの間にどれほど多くの誤りをもたらすかを見逃すわけにはいかない。

フィクションということは、芸術的な記述に認められた正当な自由だ。これには、だれも異議はないだろう。詩人たちは必要に応じて動物をほかの対象と同様に詩的に「様式化」することを許されている。ラドヤード・キプリングのオオカミやヒョウたち、あるいは彼の傑作であるマングースのリッキティッキタヴィは、人間のようにしゃべり、ヴァルデマール・ボンゼルスのミツバチ・マーヤも、人間のように礼儀正しく親切にすることができる。

だがこのような様式化は、実際に動物を知っている人にだけ許される。もちろん創造的な芸術家には、その記述の対象を科学的な正確さで描写する義務はない。しかし、彼が正確に書くことができないので、それをごまかす手段として様式化を使うなら、彼に三度《みたび》の禍《わざわ》いあれといいたい。

私は自然科学者であって、芸術家ではない。だから私にはまったくなんの自由も「様式化」も許されない。しかし、動物がいかにすばらしいものであるかを読者に物語ろうとするとき、このような自由はすこしも必要ではない。むしろ、動物の話を書くときにも、厳密な科学論文の場合と同様に、ひたすら事実に忠実であるほうが、適切でさえあると思う。なぜなら、生ある自然の真実はつねに愛すべき、畏敬に満ちた美しさをもっており、人がその個々の具体的なものを奥深くきわめればきわめるほど、その美はますます深まってゆくものだからだ。もし、研究の客観性、理解、自然の連繫《れんけい》の知識というものが、自然の驚異への喜びをそこなうなどと考えたとしたら、これほどばかげたことはない。むしろその逆なのだ。自然について知れば知るほど、人間は自然の生きた事実にたいしてより深く、より永続的な感動を覚えるようになる。立派な業績を残したすぐれた生物学者たちはみな、生きものの美しさへのつきぬ喜びからその職業についたのだろうし、その職業から育ってきた理解がさらに自然への愛と研究を深めているのだと思う。そしてこのことは、生物学のいろいろな分野のうちでも、私自身が生涯を捧げてきた動物の行動の研究という分野には、さらによくあてはまる。行動の研究には、生きている動物と直接に親しむことが要求されるとともに、人なみはずれた観察の苦労が要求される。動物にたいする理論的興味だけでは、この苦労にはとうてい打ち勝てない。もし愛がなかったら、人間と動物の行動になにか共通なものがあると感じるだけにとどまり、それを明確につかみとることはできないのだ。

そんなわけで、私はこの本がけっして雨に消えてしまわないことを願っている。私がさっきも告白したように、たしかにこの本は怒りをもって書かれたものであるけれども、その怒りは、やはり愛から生まれたものなのだから。

一九四九年夏　アルテンベルクにて

コンラート・ローレンツ

目　次

まえがき　3
1　動物たちへの忿懣《ふんまん》　11
2　被害をあたえぬもの——アクアリウム　23
3　水槽の中の二人の殺人犯　32
4　魚の血　38
5　永遠にかわらぬ友　61
6　ソロモンの指環　121
7　ガンの子マルティナ　144
8　なにを飼ったらいいか！　166

9　動物たちをあわれむ　192
10　忠誠は空想ならず　201
11　動物たちを笑う　220
12　モラルと武器　235
製作上のいくつかのまちがいについて
原著第二版への後悔めいたまえがき　261
訳者あとがき　267
文庫化にあたってのあとがきと解説　271
新装版訳者あとがき　275

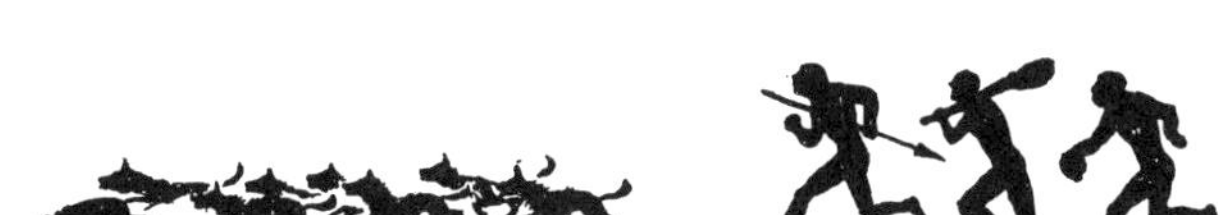

イラスト：コンラート・ローレンツ
アニー・アイゼンメンガー

1　動物たちへの忿懣《ふんまん》

どうして私は、まず動物たちとの生活のいやな面から筆をおこすのだろう？　それはこのいやな面をどれくらい我慢できるかによって、その人がどれくらい動物を好いているかが、わかるからなのだ。私は自分が小学生かあるいはもうちょっと大きくなったころ、またまた新しい、おそらく前よりもっと破壊的なペットをうちにもちかえったときに、頭をふるか、せいぜいあきらめのため息をつくだけでいつも見逃してくれていた、しんぼう強い両親に、かぎりない感謝の念を抱いている。そして私の妻は長い年月の間、どれほどの我慢をしてきてくれたことだろう。ネズミを家の中で放し飼いにして、そいつが家じゅう勝手に走りまわり、敷物からきれいなまるい切れはしをくわえだして巣をつくってもほっといてくれ、といえる夫は、私のほか

にはいそうもない。

これがもしよその奥さんだったらどうだろう。庭に干した洗濯物のボタンをかたっぱしから食いちぎってまわるオウムなど、とうてい我慢してくれまい。ハイイロガンが毎晩寝室にはいりこんで夜をすごし、朝になると窓から外へ飛びだしてゆく、なんていうのを許しておけるはずもない（ハイイロガンは家の中で飼いならすことはできないのだ）。青い実を食べた小鳥がそこらじゅうのカーテンや家具に、洗っても洗ってもぬけない青いしみをつけてまわったのをみつけたとき、よその奥さんだったらなんというだろう？　それからもし……それからもし……こんなふうに数えあげてゆけば、二十ページだってつづけられる。

およそばかげた苦心談だ。人はきっとこうたずねたくなるにちがいない、「そういう苦労はすべて必要不可欠だったのですか」。もちろん私は大声ではっきり「イエス」と答える。すべては絶対に必要なことだった。もちろん、居間にとりつけた檻《おり》の中で動物を飼っておくことはできる。けれども、知能の発達した高等動物の生活を正しく知ろうと思ったら、檻《おり》や籠《かご》ではだめである。彼らを自由にふるまわせておくことが、なんとしても必要だ。檻《おり》の中のサルや大型インコたちがどれほどしょんぼりしていて、心理的にもそこなわれていることか。そしてまったく自由な世界では、そのおなじ動物がまるで信じられぬほど活発でたのしそうで、興味深い生きものになるのである。もちろんその場合は相当な損害や忿懣《ふんまん》も覚悟せねばならない。こういう科学方法論的な根拠から、私は高等動物をまったく自由な状態で飼うことを身上にしてきたし、じっさいに私の研究の大部分は、自由に生活させて飼った動物についておこなわれてきたのである。

アルテンベルクでは、檻《おり》の金網はいつもふつうとは反対の役割を果たしていた。つまり金網は、動物たちが家の中や前庭にはいってくるのを防ぐためのものであった。動物たちは、美しい花壇に金網をこえてはいりこむことも、きびしく「禁じられて」いた。だが禁じられたものが子どもには抗しがたい魅力をもつように、それは知能の発達した動物にとっても、磁石のような吸引力をもつのだ。おまけにおどろくほど人なつこいハイイロガンは、人間社会にあこがれている。そこでしょっちゅう、私たちの知らないまに、二、三十羽のガンたちが、花壇に侵入して餌を食っていたり、ヴェランダにあがりこんで大声であいさつをかわしていたり、ということになる。飛ぶことができて人をおそれない鳥たちを追い払うのは、およそ容易なことではない。どれほど大声をはりあげても、どれほどはげしく腕をふりまわしても、さっぱりききめはない。唯一の効果的なおどし道具は、巨大な真赤なパラソルであった。妻は槍をかまえた騎士よろしく、たたんだパラソルを小脇にかかえこみ、植えつけたばかりの花壇にまたまた侵入してモグモグやっているガンたちの群れにおどりこむ。そして狂ったようなときの声をあげて、やにわにパラソルをひろげるのだ。これにはさすがのガンたちも肝をつぶす。すさまじい

羽音とともに、彼らは空へ舞い上がる。

不幸にも、ガンの教育にたいする妻の努力は、私の父のおかげでほとんど水泡に帰してしまった。この老紳士はハイイロガンがすっかり気に入っており、とくにオスのガンの堂々たる騎士道的なふるまいが大好きだった。だから、彼が毎日ガンたちをヴェランダへ招待して、いっしょにお茶を飲むのをとめるわけにもいかなかった。そのころ父の視力はもうかなり弱っていたから、ガンの訪問がどんな物質的結果を生ずるかは、直接そのものをふんづけてみないかぎり父にはわからないのであった。それはつまりこういうことだ――ある日、もう夕方近く私が庭にいってみると、おどろいたことに大部分のハイイロガンがいなくなっていた。「もしや?」と思った私は、いそいで父の書斎へとんでいった。心配していたとおりだった。上等のペルシャじゅうたんの上に二十四羽のハイイロガンが父をかこんでひしめきあっている。父は机にむかってお茶を飲みながら、静かに新聞を読んでおり、パンをちぎっては一切れずつガンたちにさしだしてやっていた。ガンたちはこの部屋にはいるのははじめてだった。それで彼らはだいぶ神経質になっていた。ところがそのことが彼らの腸の活動に影響を与えて、じつに不愉快な結果となったのである。というのは、多量の植物繊維を消化せねばならぬ動物の例にもれず、ガンもひじょうに発達した盲腸をもっている。盲腸にはセルロース分解細菌がいて、セルロースを利用可能な物質に変えてくれるのだ。ふつうは、腸の内容物が六回か七回排出されるごとに一回の割合で、盲腸の内容物が排出される。この盲腸の内容物は特有の不快な臭気をもっており、光沢のある暗緑色をしている。ところがガンがいらいらしたり神経質になったりしていると、盲腸からの排出がたてつづけにおこってしまうのである。そのときどんな不愉快な糞《ふん》がでてくるかは想像できるだろう。このガンの訪問から、もう十一年以上たった。じゅうたんの上の暗緑色のしみも、いまではさすがに色がさめて、あわい黄緑色になっている。

さて、このように、動物たちは完全な自由の中に暮らしていたけれども、彼らは私たち家族によくなついていた。彼らはいつも私たちに近づいてこようとしこそすれ、けっして遠ざかろうとはしなかった。「あ、鳥が籠《かご》から逃げちゃった。はやく窓をしめて！」——よその家ならこう叫ぶ。私の家では反対だ——「おうい、窓をしめてくれ！　オウムが（カラスが、オマキザルが）はいってくる」。「逆檻《ぎゃくおり》の原理」のいちばんけっさくな応用は、私の妻の発明にかかるものである。それは私たちの長女がまだ小さかったころのことだった。そのころ私たちは、大型で相当に危険な動物たち——数羽のワタリガラス、二羽のオオバタン（大型のオウム）、二匹のマングースキツネザル、それから一匹のオマキザル——を飼っていた。この連中とくにワタリガラスはあぶなくて、とうてい子どもといっしょにしておくわけにはいかなかった。妻はさっそく庭に大きな檻《おり》をつくって、その中へ入れた——動物ではない、私たちの娘をである。

こまったことに高等動物では、知能の高いものほどいたずらがひどく、かついたずら癖がつよい。そのためある動物とくにサルは、たえず放し飼いにしておくわけにはいかない。けれども、ふつうのサルより知能の低い原猿類《げんえんるい》（キツネザルなどの仲間）なら、それは可能である。事実、魅力的なマングースキツネザルは、長年の間私の家の愛くるしいひょうきんな家族であった。家財道具をすみずみまでこまかく詮索してみようという好奇心が、彼ら原猿類《げんえんるい》には欠けているからである。ところが真猿類《しんえんるい》（ふつうのサル）となると、系統的にはずっと下等なオマキザルのような新世界ザル（広鼻猿類《こうびえんるい》）でさえ、目新しいものには、すべてはげしい好奇心を

しめす。そしてそれに「実験」を試みようとするのである。このことは動物心理学の立場からみればたいへん興味深いこととはいうものの、家計という立場からみれば、まもなく財政上容易ならざる事態を招来《しょうらい》することにほかならない。その例を一つだけあげておこう。

学生のころ、私はウィーンにある両親のアパートにズキンオマキザルの大きなすばらしいやつを一匹飼っていた。こいつはメスで、名はグロリアといった。彼女は私の寝室兼勉強部屋にある広い檻《おり》に入れられており、私が家にいて彼女を監督できるときにかぎり、部屋の中で自由にあそぶことを許された。私が外出するときは彼女を檻《おり》に閉じこめるのだったが、そうすると彼女はすぐに退屈してしまい、なんとかして早く逃げだそうとあらゆる知恵をしぼるのだった。ある日の夕方、私はいつもよりおそく家へ帰り、電灯のスイッチを入れた。だが電灯はつかず、真暗なままだった。そこへグロリアのクスクス笑うような声が聞こえてきた。しかも檻《おり》の中からではなくて、カーテン・レールのあたりからだ。これで停電の原因も犯人もはっきりした。ロウソクに灯をともして引き返してみると、さんたんたる部屋のありさまが目にはいった。グロリアは重いブロンズの電気スタンドを台からはずし、部屋の中を引きずっていって、いちばん上の段の水槽（海水アクアリウムだった）のところまで運び上げた。そして水槽の厚いガラスぶたをめがけて電気スタンドをたたきつけた。ふたは割れ、スタンドは水の中に落ちこんだ。まずいことに、プラグは壁のコンセントにさしこまれたままだった。もちろん電気はショートした。それから、あるいはそのちょっと前か、グロリアは私の本箱の錠をあけて——その鍵はずいぶん小さい鍵だったから、これはおどろくべき才能といえる——その中からシュトルンペル著『内科学』の第二巻と第四巻をひっぱりだし、水槽のところまでひきずっていってそこでズタズタに引き裂いたうえ、水槽の中へ押しこんだ。床の上には表紙だけがちらばっており、紙きれは一つもなかった。水槽の中にはあわれなイソギンチャクが、触手を紙くずだらけにされてうずくまっていた。

この事件で興味深かったのは、この「実験遊戯」にみられる厳密な計画性であった。サルは一つの仕事をするのに、かなりの時間をかけたにちがいない。こんな小さな動物がこれだけのことをやりとげたとは、真に賞賛に値する。ただし、いささか高くついた！

自由に生活させてある動物家族たちへのこのいつ果てるとも知れず、しかもやたらに高価につく忿懣《ふんまん》は、いったいなにがうめあわせてくれるだろう？

ある種の動物心理学的な研究には、精神的に健全な、囚われの身であることとの悪い影響をうけていない研究用動物をもつことが必要だ。だがこういう科学の方法論的な根拠のことはもう問うまい。逃げようとすればいつでも逃げられるのに、私のそばにとどまっている、それも私への愛着からとどまっている動物たち、それが私にとってはたまらない魅力なのだ。

一日《いちじつ》ドナウ河の堤を散歩していたとき、私はワタリガラスのよくひびく呼び声を耳にした。

私がそれに答えると、その大きなカラスははるか大空の高みからさっと翼を閉じ、息もつかせぬ速さで舞い降りてきた。そしてはげしい風とともに翼を広げて落下をやめ、まるで重さなどないもののようにふわりと私の肩にとまった。その一瞬私には、このカラスに引き裂かれた数数の本も、略奪されたアヒルの卵も、すべてつぐなわれたように感じられた。私のカラスもきっとそのことを気に病んでいたにちがいない。

このような魔術的な体験は、それが日常のこととなり、このオーディンの神話の鳥がまるでイヌやネコのように家族の一員になりきってしまっても、けっして消えうせることはない。動物はひとたび親しくなったときは、そのときどきに彼の存在を示すばかりでなく、彼を思いおこさせもするからである。ある霧の深い早春の朝、私はドナウのほうへ下っていった。河はまだ冬の姿だった。やせ細った流れの黒ずんだ水面には、ホオジロガモ、アイサガモ、ミコアイサなどのカモたちが渡ってきており、さらにところどころにヒシクイやマガンの群れがちらばっていた。これらの渡り鳥たちにまじって、当然のことながら一群のハイイロガンが飛んでいた。鉤形《かぎがた》になったその編隊の左列二番目のガンには、初列風切羽《しょれつかざきりばね》が一枚欠けていた。それをみたとたん私には、羽の欠けたこのガンのこと、それが羽を失ったときにおきたさまざまなできごとの思い出が、生き生きと心の中によみがえった。もちろんあそこに飛んでいるハイイロガンたちは、みんな私のものだった。たとえ渡りの季節でも、ドナウには野生のハイイロガンは

やってこないのだ。
鉤形《かぎがた》編隊の左列二番目のやつは、オスのマルティンであった。彼はちょうど、私のペットのマルティナと婚約したばっかりだったので、この名がつけられた。(私は自分が育てあげたガンだけに、まともな名前をつけてやっていた。そのため野育ちのマルティンには、それまではただ番号だけしかついていなかったのである)。ハイイロガンの若い婚約者は、彼の恋人に文字どおり一歩一歩ついて歩く。ところが私の家で育ったマルティナは、いろいろな部屋をこわがりもせず、すました顔をしてかたっぱしからのぞいてゆく。野育ちの彼氏の忠告をきくために立ち止まりもしない。そこで花婿は、自分のまだ知らない領域にまでふみこまざるをえないはめにおちいった。もともと開《ひら》けた土地にすむ鳥であるハイイロガンは、やぶの中や木の下にもぐりこむことさえも本能的にきらう。それを考えると、ドアを通ってホールへさらに二階へと上がってゆく花嫁のあとから、昂然《こうぜん》と顔をあげてついていったマルティンは、まさしく小さな英雄であった。彼は今、部屋のまんなかに緊張して立っている。不安のため羽毛は体にぴったりひ

きつけられ、くちばしはなかば開き、体は興奮してブルブルふるえている。それでも彼は、誇らしげに直立して、シイッという大きな声をたてては、巨大な見知らぬ家具に挑戦していた。そのとき突然、彼のうしろでドアがバターンとしまった。さしものガンの英雄もこれには色を失った。彼はやにわに飛び立って、あっというひまもなくシャンデリアに衝突した。シャンデリアはかなりの数の付属品を失い、マルティンは風切羽《かざきりばね》を失った。

これが鉤形《かぎがた》編隊の左列二番目にいたガンの欠けた羽について私の知っていることである。だが私は、ほんとうに心あたたまるようなできごとを、ほかにもまだたくさん知っている。たとえばこんなことだ。私が外出から帰ってくると、ハイイロガンたちがヴェランダの前にある石段に立っており、首をのばして私にあいさつにくる。ガンのこの首をのばすしぐさは、イヌが尾をふるのとおなじ意味をもっているのである。

私はいつまでもたたずんで、水の上を低く飛んでゆくガンたちが河の曲がり角でみえなくなるのを目で追っていった。そのとき、にわかに私は、ある感動にとらえられた。それはまさに、親しき者に哲学の端緒《たんちょ》を見出したあの感動であった。私はおどろきを禁じえなかった。一羽の野生の鳥とこんなにも信じあうことができるとは……私はこの事実をなにか妙《たえ》なる祝福のように感じている。エデンの園から追われた人間の悲しみが、これでいくぶんでもやわらげられたようにさえ思うのだ。

今、ワタリガラスたちは姿を消してしまった。むかし私が大学で講義していたことのあるケーニヒスベルクからつれてきたハイイロガンたちも、今はどこかへいってしまった。私の放し飼いの鳥たちのうち、今残っているのはコクマルガラスたちだけである。これは私がアルテンベルクで飼った最初の鳥たちであった。この永遠にかわらぬ友たちは、今でも切妻屋根のまわりを飛びまわっている。そして、私にはもうそのささいなことばのはしばしまでも理解できる甲高い叫び声が、セントラル・ヒーティングの煙突から、私の書斎の中にこだましてくる。そして毎年毎年、彼らは煙突に巣をかけては煙突を使えなくし、サクランボをついばんでは近所の人びとの怒りをかうのである。

もうわかってもらえただろうか、こんな忿懣《ふんまん》や損害の代償は、けっしてただ科学的な成果ばかりなのではなく、はるかにそれ以上のものであるということを。

2　被害をあたえぬもの――アクアリウム

それはほとんど金がかからず、しかもじつに驚異にみちたものである。ひとにぎりのきれいな砂をガラス鉢の底にしき、そこらの水草の茎を二、三本さす。そして数リットルの水道の水を注意深く流しこみ、水鉢ごと日のあたる窓ぎわに出して数日おく。水がきれいに澄み、水草が成長をはじめたら、小さな魚を何匹か入れる。これでアクアリウムはできあがりだ。ほんとうは、ガラスビンと水網をもって近くの池へゆくのがよい。二、三回網ですくえば、いろいろな生きものがいっぱいとれる。

私の子ども時代の思い出は、今なおすべてそんな水網一つにかかっている。水網といったって、べつに真鍮《しんちゅう》の枠にミュラーガーゼのついた高尚なものである必要はない。昔からある、十

分間でもつくれるやつでけっこう用は足りるのだ。針金を曲げて枠をつくり、靴下かカーテンか、さもなければ赤んぼのおしめの切れっぱしで袋をつくる。私は九歳のとき、こんな道具で私の最初のえものであるミジンコをつかまえた。そしてそのとき、淡水の池のおどろくべき世界を見出したのであった。それ以来、この世界の魅力は私をひきつけて放さない。水網につづいてルーペ（虫めがね）がほしくなる。そのつぎは小さな顕微鏡だ。こうして私の運命は、もはや変えようもなく定まってしまったのであった。なぜなら、ドイツの詩人プラーテンもいうとおり、この目で美をみたものは死の手にゆだねられることはないけれども、自然の美しさを一度でもみつめたことのあるものは、もはやこの自然から逃れることはできないからである。そのような人間は、詩人か自然科学者のいずれかになるほかはない。もし彼がほんとうに目をもっていたならば、彼はとうぜん自然科学者になるだろう。

さて、ともかくまずは網で池の水草のあたりをすくうことだ。たいてい靴はビショビショでおまけに泥んこになるけれども、それは我慢してもらおう。うまい池をえらび、うまい場所にあたりさえすれば、網の底は透きとおったモゾモゾ動く生きものでいっぱいになるだろう。網の底をうらがえし、前もって水を入れてあるビンの中で洗う。家へ帰ったら、えものを注意深くアクアリウムの中へうつす。すると彼らの小さな世界を、まのあたりにみることができる。

アクアリウムは一つの世界である。なぜならそこでは、自然の池や湖とおなじく、いや結局はこの全地球上におけるのとおなじく、動物と植物が一つの生物学的な平衡《へいこう》のもとで生活しているからである。植物は動物が吐きだす炭酸ガスを利用し、かわりに酸素を吐きだしている。植物が動物とちがって呼吸せずその逆をやる、というのは正しくない。植物も動物とまったくおなじように、酸素を吸いこみ炭酸ガスを吐きだしている。しかしそれとはまったく別に、成長しつつある緑色植物は炭酸ガスをとり入れている。植物は自分の体をつくりあげるために炭酸ガスを使うからである。そしてそのさいに植物は、呼吸に使うよりもっと多量の酸素を吐きだすのだ。この余った酸素によって、動物と人間が呼吸してゆける。最終的には植物は、ほかの生物の排出物や死体がバクテリアに分解されて生じた物質を同化して、ふたたびそれを物質の大きな循環の中にくみ入れる。

この物質循環や動植物共同生活の平衡《へいこう》がちょっとでも乱されると、たちまち悪い結果が生じてくる。緑の水草の量からみて、もうこれ以上動物は入れられないはずの水槽に、もう一匹このきれいな魚を泳がせてみたいという誘惑は、子どもには（おとなにだって）我慢しきれないものである。そしてまさにこのたった一匹の魚のために、今まで大切に大切にかわいがってきたアクアリウムが壊滅してしまうこともあるのである。なぜなら、アクアリウムの中にあまりに多数の動物が入れられたために、酸素の欠乏がおこるからだ。その結果まもなくある小さい生物が死にはじめる。けれどわれわれは彼らが死んだことにおそらくぜんぜん気がつかない。

くさってゆく彼らの死骸を食物として、アクアリウムの中には莫大な数のバクテリアが増殖しはじめる。水はにごりだし、溶存酸素量は急激に減少して、さらに動物たちが死んでゆく。この悪循環は容赦なく進行し、ついに植物までくさりはじめる。そしてほんの数日前までは生き生きと成長する水草やピチピチした魚の泳ぎまわる、すばらしい澄みきったアクアリウムであったのが、もはやいやらしい悪臭を放つドロドロの肉汁になってしまう。

最近のアクアリウム愛好者は、エア・ポンプで人工的に空気を水中に送りこんで、この危険を防止する。けれどもそのような人工的なやりかたでは、アクアリウムの真の魅力はそこなわれてしまう。アクアリウムの魅力は、この小さな世界が自活しているところにあるのである。魚に餌をやったり、ときどき手前側のガラスをきれいにふいたりすることをのぞけば、生物学的にはとくに世話をしてやる必要はない。さらに、もしほんとうの平衡《へいこう》状態が保たれていれば、掃除してやる必要もない。底をかきまわすようなとくに大型の魚を入れさえしなければ、枯れた植物の組織や動物の排出物が底にたまっても気にすることはない。それらははじめは不毛であった砂にしみこんで肥料となるのだから、むしろ望ましいものなのだ。このような沈積物があるにもかかわらず、水自体は高山の湖のように澄みきって、に

おいもない。

　生物学的な点からいっても、また装飾の点からみても、新しくアクアリウムをつくるなら春がよい。そして水草の若枝をすこしだけ入れておくのがよい。なぜといえば、こんなガラス鉢のような特殊な条件に適応して生きてゆけるのは、小さいときからアクアリウムの中で育った水草だけだからだ。

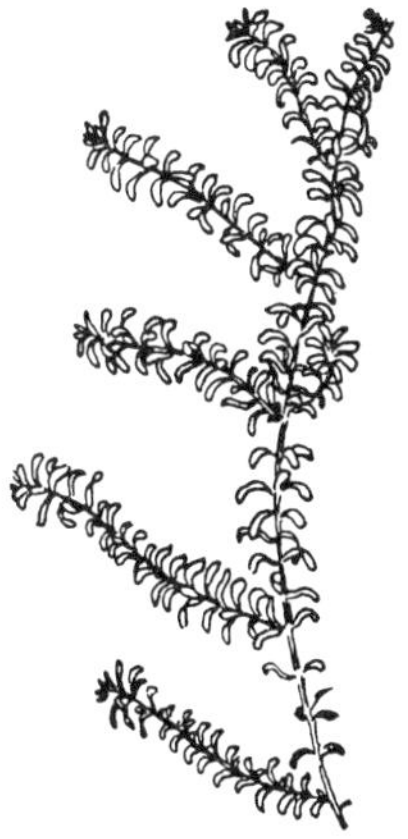

　すでに成長しきった水草をとってきてアクアリウムに入れたら、日ならずしてすっかり美しさを失ってしまう。
　たった五、六センチしかはなれていない二つのアクアリウムが、数キロメートルへだてた二つの湖ほどちがう様子になってゆくことがある。アクアリウムをつくるときは、これがものすごくたのしみだ。このアクアリウムが平衡《へいこう》状態に達したらどんな様子のものになるか、はじめは予想もつかぬからだ。おなじときにおなじ材料を三つのガラス鉢に入れ、おなじ台の上にならべたとしよう。そしてそのどれにもカナダモとフサモを植えつけたとしよう。それでもこの三つのアクアリウ

ムは、ぜんぜんちがう姿になってゆく。第一のアクアリウムにはまもなくカナダモのジャングルがしげり、やわらかい葉のフサモはまったく圧倒されてしまうかもしれない。二番目のには反対のことがおこるかもしれないし、三番目のではカナダモとフサモとが適当に共存し、さらにシャンデリアのように枝わかれした美しい緑色のフラスコモが、一見無から生じたもののようにのびだしてくるかもしれない。このように、三つのガラス鉢が三つともまったくちがった様相を呈することがある。それらは生物学的にもまったくちがった特性をもつようになるだろうし、まるでちがう動物にまるでちがうしかたで適したものとなるだろう。要するに、おなじ状態から出発したのにもかかわらず、アクアリウムはそれぞれ独自の世界を発展させてゆくのである。

アクアリウムを「その自由意志にまかせる」には、かなりの謙虚さと自制心が必要である。うっかり世話でもしたりすると、たとえそれがいかに善意からでたものであるにせよ、いろいろな弊害を引き起こすことがある。もちろん人工的な餌をあたえ、注意深く水草を配置した「美しい」アクアリウムを部屋におくのもけっこうだ。濾過《ろか》装置をつけておけば、水がドロドロになるのも防げるだろう。人工的に通気すれば、しないよりも多くの魚が飼える。この場合、水草はたんなる飾りにすぎなくなる。動物が生きてゆくのに必要な酸素は人工的に送りこまれる空気からたっぷり供給されるので、動物たちは水草を必要としていないからである。

だが、そうした好みについては読者の議論にまかせておくことにしよう。私はいつも、アクアリウムというものは自分自身で平衡《へいこう》を保ってゆける生物共同体だと考えている。それ以外のものはたんなる「檻《おり》」だ。つまり人工的に掃除され、衛生的に完璧《かんぺき》な容器にすぎない。それはそれ自体が目的ではなくて、ある動物を飼う手段にすぎないのだ。

アクアリウムの中に生じてくる生物の世界の特徴をこちらの思いどおりに支配することは、ある程度までは可能である。ただしそれには、多くの経験と生物学的な勘がいる。底にしく砂、水槽のおき場所、温度や光の条件、中に入れる動物の種類と数――これらを、たくみにえらばねばならない。これはアクアリウム管理の最高の技術である。悲劇的な死をとげた私の友人ベルンハルト・ヘルマンは、その道の名人の一人だった。彼がつくったアクアリウムの一つは、アルプスのアルトアウスゼー地方の湖の完璧《かんぺき》な模型ともいえるものであった。それはたいへん大きくて深く、冷たく、あまり光のあたらぬ場所におかれ、水晶のように澄んだ水の中には、ガラスのように透明でうすい緑色のヒルムシロ科の水草が育ち、底の石には暗緑色のシミズゴケや美しいシャジクモが生えていた。大きな動物としては数匹のごく小さなマスやハヤと、小さなザリガニが一匹入れてあるだけだった。これが野外での実際の生息密度にほぼ相当するのである。敏感な水生動物を長期間飼いつづけ、繁殖もさせようというときには、かならずこのことに留意せねばならない。どの家のアクアリウムにもよくみかける外国産の熱帯魚は、大部分この点ではずっと楽である。というのは、彼らの天然のすみ場所は、せまくてかならずしもきれいとはかぎらない池や川の中であるからである。それに、熱帯の池は一年中暖かく、強い日光に照らされている。これを「複製する」には南むきの窓ぎわにアクアリウムをおき、安い電熱装置をつけておくだけで十分だ。ところが、たえず気候の変化にさらされているヨーロッパの水を家の中で「複製する」ことは、はるかにむずかしいことである。そのために、そしてそのためにこそ、かえってわれわれに身近な湖や小川の魚たちのほうが、多くの熱帯魚とは比較にならぬほど飼いにくくふやしにくいのだ。

私は「最初の動物は手製の網で近くの池からとってこい」と忠告した。今、そのわけもわかったと思う。私はアクアリウムを何百となくもっているが、いちばんふつうのいちばん安い、いうなればいちばん月並なアクアリウムが、いちばん私の気に入っている。なぜならそこには、もっとも自然でもっとも完全な生物共同体が包みこまれているからである。人はその前に何時間でもすわりこみ、暖炉の炎にもの想うように、あるいは流れゆく小川の水をながめて考えるように、深く知的な瞑想《めいそう》にふけることができる。そして、そのとき人は学びもするのである。

アクアリウムを前にしたこのような瞑想《めいそう》の間に私が洞察しえたすべてのものを秤《はかり》の一方の皿にのせ、もう一つの皿には私が書物から得たものをのせたとき、あとの皿はどれほど高くはねあがってしまうことであろうか！

3　水槽の中の二人の殺人犯

水槽の中の世界にも、おそろしい肉食動物がたくさんいる。そこでは生存のための陰惨で仮《か》借《しゃく》ない闘争が、われわれの目の前でくりひろげられるのだ。網で一度にいろいろな動物をすくってきてアクアリウムの中へ入れておけば、まもなくこの闘争をまのあたりにみることができる。というのは、すくってきた動物たちの中には、たいてい水生昆虫ゲンゴロウの幼虫がまざっているからだ。えものの相対的な大きさや、その貪欲さ、えものの殺しかたの狡猾《こうかつ》さを考えると、トラ、ライオン、オオカミ、シャチ、サメ、狩人バチのような名うての捕食動物もものの数ではない。ゲンゴロウの幼虫にくらべたら、これらはまるで小羊のようなものだ。

それはほっそりした流線型の昆虫で、約六センチの長さはある。六本の脚には剛毛が生えてオールのようになっており、水中ですばしこく、しかも的確に動くことができる。広くて平ら

な頭には、鉗子《かんし》のような形をした一対の頑丈なあごが生えている。これは中空になっていて、毒を注射するとともに養分を吸いあげるのに役立つ。この動物は水草の上に静かにとまって、じっと待ち伏せている。突然、電光石火のごとくえものにむかってとび出し、その下にもぐりこむ。そしてさっと頭をあげたかと思うと、もう、えものを大きなあごにくわえている。この動物にとっては、動くもの、「動物」らしいにおいのものは、すべて「えもの」である。私は池の中に立っていて、このゲンゴロウの幼虫に「食われた」ことが何度もある。この昆虫の有毒な消化液を注射されると、人間でもじつに痛い。

これらゲンゴロウの幼虫は「体の外」で消化をする数少ない動物の一つである。彼らがその中空の鉗子《かんし》（あご）を通じてえものに注入する分泌物は、えものの内臓をみんなとかして液体状にしてしまう。幼虫はまた鉗子《かんし》の中の管をとおしてこれを吸いこみ、胃の中へおさめてしまうのだ。太ったオタマジャクシやトンボのヤゴほど大きいえものでも、ゲンゴロウの幼虫にかみつかれたらもう最後だ。二、三度抵抗のあがきをみせただけで、体はたちまち硬直する。彼らの内臓は水生動物の例にもれず多少とも透明なのだが、それがみるまにフォルマリンで固定されたように不透明になってくる。そして体がブクブクになり、膨張してみえるが、つづいてしだいにしぼみはじめ、ついにぐにゃぐにゃの皮膚の袋となって死の鉗子《かんし》にぶらさがる。そして最後にはぽろりと落ちてしまう。

アクアリウムのせまい空間の中では、大きなゲンゴロウの幼虫が二、三匹いると、ほぼ半センチ以上の大きさの動物を二、三日足らずで食べつくしてしまう。それからは？　それからはもっぱら共食いだ。どちらが大きくて強いかなど、かまったことではない。どちらが先におそいかかるかが問題だ。私は二匹のほとんどおなじ大きさの幼虫が、同時にかみつきあい、たちまち両方とも内臓がとけて死んでしまうのをよくみかけた。ふつうの動物なら、たとえ餓死しそうになったとしても、おなじ大きさの同類を食おうとおそいかかることはまずやらない。それをやるのはドブネズミや、それに近い二、三の齧歯《げっし》類だけである。オオカミが似たようなことをやるといわれているけれども、のちに述べるいくつかの観察からみて、私はその話に疑いをもっている。ところがゲンゴロウの幼虫は、ほかに十分な餌があるときでさえ、おなじくらいの大きさの同類をむさぼり食う。少なくとも、私の知るかぎり、こんなことをやる動物はほかにはない。

これよりいくぶん狂暴性が少なく、もうすこしエレガントで美しい猛獣は、あのはでな青と黄のまだらをもつヤンマの幼虫、ヤゴである。この昆虫の成虫（親）はすばらしい飛行士で、昆虫の中のハヤブサともいえよう。猛獣どもをとりのけるために、池ですくった網の中身を金だらいにあけてみると、一種独特な動きかたをするやはり流線型で大きな幼虫をみつけることがある。この細長い、全体に緑と黄のもようをもった魚雷は、体に脚をぴったりくっつけたまま、すばやく、ツイ、ツイと突進する。どうしてこんな動きができるのか、はじめはちょっとわからない。しかし平らな皿の中にもちだしてよく観察してみると、この幼虫は一種のロケット船であることがわかる。すなわち、体の後端から、鋭い細い水流を吹きだし、動物はその反動で急速に前方へ動くのだ。腸の末端の部分は中空のふくろになっていて、その内面にはたくさんの気《き》管鰓《かんえら》がついており、この部分が呼吸と前進運動とに同時に役立つというまいしくみになっているのである。

　ヤンマの幼虫はけっして泳ぎながら狩をしない。彼らはゲンゴロウの幼虫より、もっと徹底した待ち伏せやである。ひとたび彼らの視界にはいったえものは、もう完全に狙われてしまっている。ヤゴは頭と体をそろそろとえもののほうへ向け、えものの動きを追う。そもそも、えものに狙いを

つけるという行動は、無脊椎動物としてはかなり珍しいことに属する。ゲンゴロウの幼虫とはちがってヤンマの幼虫は、巻貝の歩みのようにおそろしく緩慢な運動をも見逃さない。そのため、巻貝はしばしばヤンマの幼虫の餌食《えじき》となるが、ゲンゴロウの幼虫につかまって食われることはほとんどない。そろそろと一歩一歩、ヤンマの幼虫はえもののほうへ忍びよる。そして、えものにはまだ三、四センチもあるときに、突然、なにがどうしたのか、幼虫はジタバタするえものをちゃんとあごにくわえている。高速度撮影でもせぬかぎりなにやら舌のようなものが幼虫の頭からえものにむかって電光のようにつきだし、血に飢えたあごの間にえものを引きずりこんだことしかわからない。カメレオンが餌をとるのをみたことのある人なら、そのねばっこい舌がさっと伸びてまた口の中におさまるのを思い出すだろう。まさにそのとおりなのだ。ただしヤンマのヤゴでは、その「ブーメラン」が舌ではなく、変形した下唇《かしん》である点だけがちがう。ヤゴの下唇《かしん》は二つの可動節と、一個の捕獲鋏《ばさみ》とから成っているのだ。

えものに狙いをつけるところなどみると、ヤンマのヤゴはずいぶん「知能的」にふるまうようにみえる。ヤゴの行動のほかのいくつかの特殊性をみると、この印象がますます強くなる。盲目的になんにでもおそいかかるゲンゴロウの幼虫とは対照的に、ヤンマの幼虫は一定の大きさ以上の動物にはおそいかからない。たとえ何週間かの絶食後でもそうである。私はヤンマの幼虫と魚とをおなじガラス鉢の中で、何カ月かいっしょに飼ったことがある。しかしその間に、ヤンマの幼虫が自分より大きな魚におそいかかったり傷つけたりしたことは、一回もなかった。ふしぎなことにヤンマの幼虫は、新鮮な肉切れをガラス棒にはさみ目の前で動かしてやるとたちまちとびついてくるにもかかわらず、同類の仲間に捕えられたえものがその牙の間でおなじようにもがいていても、けっして食いつくことはないのである。

カワスズキを飼っている私の大きなアクアリウムの中では、いつも何匹かのヤンマの幼虫が育っている。彼らの成長はおそく、一年以上もかかる。そして美しい夏の日、ついにすばらしい瞬間がやってくる。幼虫はゆっくりと草の茎にはいあがり、水から出る。そこで幼虫はかなり長い間じっとしている。やがて、いつもの脱皮のときとおなじように、胸の体節の背中の皮膚が裂け、すばらしい完成した昆虫がしずしずと幼虫の殻を脱ぎすてる。翅《はね》がその完全な大きさまで伸びてかたくなるのには、これからなお数時間はかかる。みるまに翅《はね》をかためてゆく体液が、こまかく枝わかれした翅脈《しみゃく》のすみずみまで高圧で送りこまれていく様子は、じつにみごとなものだ。さあ、窓をあけてやりたまえ。そしてきみのアクアリウムのお客さまに、彼の人生の幸せと成果を祈ってやりたまえ。

4　魚の血

どうせことわざには嘘《うそ》あやまりがつきものであるが、それにしても、そこにはなんと奇妙な盲信がふくまれていることだろう？　キツネはずるいというけれども、けっしてほかの肉食獣以上にずるいわけではない。オオカミやイヌよりも、むしろはるかに愚鈍である。ハトはまるきりやさしくない。そして魚についての話はほとんどが嘘《うそ》だ。退屈で冷淡な人のことをまるで魚の血のようだというけれども、魚はそれほど「冷血」ではないし、「水の中の魚」といわれるほど健康そのものでもない。ほんとうに、魚ほど野外で伝染病に苦しめられている動物もないのである。野外から捕えてきた鳥やトカゲや哺乳類が私の動物園に伝染病をもちこんだ例を、私はまだ一度もみたことがない。ところが魚はまるでちがう。捕えてきたら、まず第一に「検疫」アクアリウムに入れなくてはならない。さもないとたちまちにして、アクアリウムのもと

からの住人たちの鰭《ひれ》に、おそろしい白い斑点《はんてん》があらわれてくる。寄生性の原生動物ウオジラミが感染したしるしである。

さらにまた、「魚のキスなんて知らないわ」というヒットソングとは反対に、魚たちの接吻はじつにくわしく調べられている。私はたくさんの動物とその行動を、その闘いや愛の荒々しい陶酔など彼らの生活の奥深くまで立ち入ってみてきた。しかし私は、野生のカナリヤは別として、繁殖期のトゲウオやシャムトウギョ、あるいは子を育てる宝石魚（カワスズメダイ）ほど熱い血と情熱にもえたぎる動物を知らない。トゲウオやトウギョほど恋ゆえに変貌する動物はないし、文字どおり情熱にもえる動物もない。トゲウオの横腹をガラスのように透明にするあの赤色、ネオンサインにもたとえるべき背の青緑色のあのきらめき、そして最後にキラキラ光る目のエメラルドグリーン——だれがことばで表わせよう。どの画家がこの色を表現できるだろう？　画家の好みの原則からみれば、このような色のとりあわせは、「ぞっとする」ものにちがいない。だが大自然という巨匠の手によるこの配色は、なんと調和のとれたものであることか！

トウギョはいつでもこのようにみごとな色彩をしているわけではない。鰭《ひれ》をすぼめてアクアリウムのすみにうずくまっている小さな灰褐色のこの魚は、そんな美しい色どりの片鱗《へんりん》すらしめさない。だがみすぼらしさでは劣らないもう一匹のトウギョが彼に近づき、両者がたがいに相手をチラリとみると、彼らは信じがたいほど美しい色どりに輝きだす。その速さといったら電流を通じられたニクロム線が真赤になるときとかわらない。鰭《ひれ》は急に傘を開くようにさっと広げられ、すばらしい飾りに変化する。広げる音が聞こえるような気さえする。

それから輝くような情熱のダンスがはじまる。それは遊びではない。真剣なダンス、生か死か、未来か滅亡かをかけたはげしいダンスだ。なぜなら、それが恋の輪舞となって交尾にいたるものか、それとも血みどろの闘いに移行してゆくものか、最初は全然わからないからだ。これは奇妙な話だが、じつはトウギョは相手をみただけでは仲間の性別が見分けられない。遺伝的に受けつがれ、厳重に「儀式化」された本能的なダンスの動きに、相手がどんなぐあいに答えるかをみた上で、それを判断するほかないのである。

まだ顔見知りでない二匹のトウギョがでくわすと、双方ともまずいわゆる「威圧的態度」をとる。つまり、体じゅうの輝く斑紋《はんもん》やすばらしい鰭《ひれ》のキラキラ光る条《すじ》を、最高度にみせびらかして自己誇示をはじめるのだ。もともとひかえめなたちのメスは、オスのこの美しさを前にすると、さっさと、旗をまいてしまう。もっと厳密にいうならば、彼女は鰭《ひれ》をすぼめる。そしてもし彼女が交尾を望まないときは、たちどころに逃げていってしまう。彼女が交尾を望んでいれば、一種独特な、やさしい、「恥じらいがちな」ものごしでオスに近寄る。この体つきは誇示姿勢とは正反対のものである。そこでいよいよ輪舞となる。この輪舞はオス同士の闘争ダンスほど派手ではないが、それを打ち消してあまりあるほどに優美なやさしさをもっている。

だが、でくわした二匹がオス同士であった場合には、はげしい誇示の乱舞となる。それはアクアリウムでみられるもののうちで、美学的に最高のものだ。一つ一つの動きは正確に定まった法則にしたがう。たとえばタイ人やインドネシア人の儀式舞踏の身振りにも似た、統御された情熱のスタイルとエキゾチックな優美さとは、動物と人間とでびっくりするほどよく似ている。その個々の動きをみていると、それらが長い歴史的発展に負うものであること、その独特な丹念にしあげられたフォルムは、太古からの儀式化の産物であることが、はっきりとわかる。けれどもすぐに理解できるとおり、この儀式化は人間の場合には一民族の歴史的継承の賜物《たまもの》であり、これにたいして動物の場合には、その種のもつ遺伝的な生まれつきの行動型が、はるかに長い進化の歩みの中で発達してきた結果なのである。このように「儀式化された」表現行動の発達の過程を進化的見地から研究し、また近縁の動物たちの間でこのような儀式を比較してみると、いろいろなことが明らかになってくる。たしかにこれらの行動の歴史については、ほかのどの「本能」の発達についてよりも、もっとくわしいことがわかっている。しかしそれに関しては、別の本にゆずることにしよう。

さて余談はこれくらいにして、オスたちの闘争ダンスにもどろう。これはホメーロスの英雄たちやアルプスの農夫たちの、あるいは今でも酒場のけんかのきっかけとなる、大見栄やののしりのやりとりと、正確におなじ意味をもっている。つまり、相手をおどして萎縮《いしゅく》させるとともに、自分自身には興奮と勇気をかきたてようとつとめるのだ。

長時間にわたる前奏曲、その儀式的な性格、そして、ただおどすだけで実力行使には役立たない美しい色彩と鰭《ひれ》の見世物は、局外者からみればおよそ真剣なこわさがない。おまけにその美しさのために、彼らはじっさいほど悪者にはみえない。彼らが、死をも恐れぬ勇気と残忍な大胆さの持ち主であろうとは、ほとんど信じられぬくらいだ。にもかかわらず、彼らは血を流して闘うことを知っている。事実、トウギョの闘いは、片方の死に終わることがきわめて多い。ひとたび興奮がたかまって、短刀の第一撃が加えられたならば、わずか数分のうちに鰭《ひれ》がザックリと切りこまれる。そしてまたわずか数分のうちに、この鰭《ひれ》は糸くずのように引き裂かれてしまう。トウギョの攻撃はほかの好戦的な魚の場合と同様に、かむのではなくて短刀で突くのである。あごをいっぱいに開くので、歯はぜんぶ前方へむく。そしてこの姿勢のまま、全身の筋肉の力をかたむけ、おどろくべき力で相手の横腹めがけて突っこんでゆく。体長わずか二、三センチのトウギョの突撃はじつに強く猛烈で、もし彼があやまって水槽のガラスにぶつかったときなどは、その音がはっきりと聞こえるほどだ。

誇示は半時間、いや一時間もつづくことがある。しかしひとたび実力行使にはいったら、多くはわずか数分でかたがついてしまう。闘いあう一方が瀕死の重傷を負い、水底に横たわってしまうのだ。

ヨーロッパのトゲウオの闘いは、シャムトウギョの闘いと根本的にちがう。トウギョとは対照的に、繁殖期のトゲウオはただ闘いの相手や女性をみかけたときにだけもえたつのではない。彼は自分のえらんだ巣のそばにいるかぎり、心をもやしているのである。彼の闘いの基本的な動因は、「私の家は私の城」ということだ。一匹のトゲウオを巣から捕え、その水槽からとりだして、もう一匹のトゲウオのいる別の水槽へ入れてやる。すると、そのトゲウオは闘うことなどは考えない。小さくなってしょんぼりしてしまう。タイ人は何世紀も前からトウギョを見世物に使っているが、トゲウオをその目的に使うことは不可能だろう。トゲウオは自分の家をもったときにだけ完全な発情状態になり、高度の性的興奮に達することができるのである。トゲウオのほんとうに真剣な闘いは二匹のオスがそれぞれの巣をつくれるほど広い水槽の中へ、彼らを入れてやったときにしかみられない。各瞬間におけるトゲウオの闘争欲は、そのときにおける自分の巣からの距離に反比例する。巣にいるとき、彼はあの北国の伝説の怪戦士ベルゼルカーにひとしい。彼は人間の指にさえ、死にものぐるいで突きかかってくる。だが、泳いで自分の本陣からはなれればはなれるほど、

言できる。すなわち、巣から遠いほうが逃げだすのにきまっている。巣のすぐ近くでは、ごく小さい個体でも最大の個体に打ち勝つ。したがって個々の魚の相対的な闘争力の強さは、その個体が競争者の侵入から防衛できるなわばりの大きさによってしめされるにすぎない。負けたほうはもちろん自分の巣にむかって逃げだす。勝利者が背の刺《とげ》を逆立て、逃げる魚を猛烈に追いかけるのはいうまでもない。そしてしだいに自分の本陣から遠ざかってゆく。それに応じて彼の勇気もへってゆく。同時に敗北者の勇気のほうは、彼が巣へ近づくにつれてふたたびたかまってくる。彼が巣の近くまで逃げこむと、臆病者《おくびょうもの》も新たな力を獲得する。突然、彼は身をひるがえし、狂ったように追跡者めがけて突きかかる。こうして新しい闘いの口火がきられる。こんどは前の敗北者が勝つにきまっている。そして、さっきとは逆の追い討ちがはじまる。このような過程が数回くりかえされる。追跡の振り子は両者のなわばりの間で、むこうへこちらへと振れるが、その振幅はしだいに小さくなり、ついにほぼ固定した「境界」で静止するにいたる。二匹の闘士は、頭を下に尾を上に、逆立ちした形の威嚇姿勢でにらみあう。彼らは横腹のむきをしばしば変え、相手のほうへむけて威嚇するように腹刺《はらとげ》をおこして、水底へくってかかるような一種独特の行動をする。この行動はいかにも水底から餌を食べようとするようにみえるけれど、じつは巣穴を掘る行動が「儀式化」されたものである。そしてこの行動がみられるのは、魚がもはや実力に訴える意志を失ったときにかぎられている。

トウギョとは異なって、トゲウオは決戦開始前に威嚇をおこなうことがない。いきなりつつきあいはじめる。つつきあいは目にもとまらぬ速さでおこなわれる。腹の大きな刺《とげ》は一見おそろしげにみえるけれど、ごく副次的な役割を演じるにすぎない。それでもなお、トゲウオの荒っぽい「白兵戦」は、トウギョの儀式めいた闘争ダンスよりはるかに危険なものにみえる。ところが、トウギョでは最初の一撃でもう鰭《ひれ》に深い裂け目ができるのに、トゲウオはこの激しいつつきあいのあげくにも肉眼で認めうべき傷を負うことはない。新版のブレーム（『動物の生活《ティーア・レーベン》』）にはこう書いてある——「刺《とげ》は猛烈な力で使用されるので、しばしば闘士の一方は刺し貫かれて死に、水底に沈む」。こんなことを書けるのはこの文の著者が自分でトゲウオを「刺し貫いて」みようと試みたことがないからだ。鋭い手術用メスで何度トゲウオの固い皮に切りこもうとしても、つるりと滑って逃げてしまう。固い甲《こう》の部分でなくとも同じことだ。ためしに死んだトゲウオを軟かい台（それでも水よりは絶対に固い）の上におき、鋭い縫い針（トゲウオの刺《とげ》の十倍ぐらい鋭い）を手にもって、突き刺そうとしてみるがよい。だれでもおどろくにきまっている。もちろんせまい水槽の中では、強いトゲウオが弱いトゲウオをいじめて殺すことがある。彼は弱いほうを追いまわし、その鰭《ひれ》を切り裂き、皮膚をはぎとってしまう。だがこれに相当することは、ノウサギやヨーロッパキジバトだってやってのける。

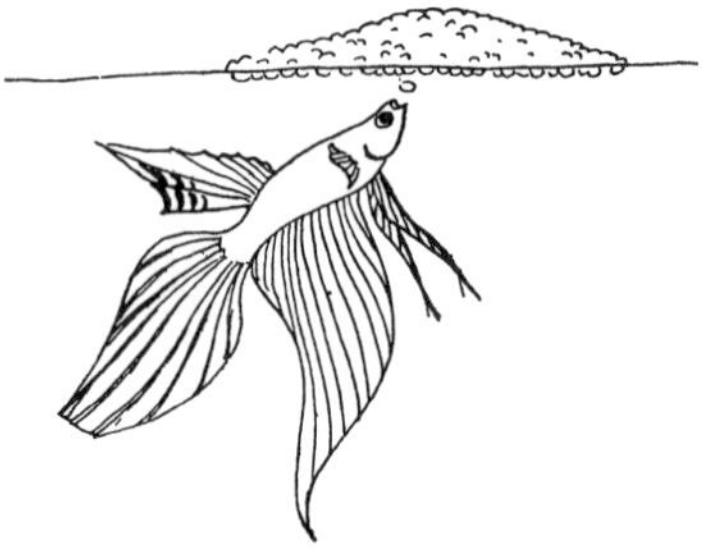

怒りと闘いでこんなにちがう二つの熱情的な魚は愛においてもずいぶん異なっている。それでもなお共通な点は多い。たとえば、どちらも巣をつくって子の養育にあたるのはオスであってメスではない。さらに未来の家庭の父親は、来たるべき子どもたちのためのゆりかごが完成しないうちは、恋のことを考えない。しかし類似点はここで終わり、相違点がはじまる。トゲウオのゆりかごはいわば床下にある。トウギョのゆりかごは天井の上にある。つまりトゲウオは水底に穴を掘り、トウギョは水面にいや水面の上に巣をつくるのだ。一方は建築に植物の繊維と腎臓の分泌物を使い、一方は空気と唾液とを使う。トウギョの空中楼閣は、近縁の魚の巣

と同じく、たがいにきっちりくっつきあった、空気の泡の小さなかたまりで、それが水面にいくぶん盛り上がったものである。空気の泡はねばっこい唾液でおおわれていて、たいへん丈夫だ。この巣をつくっているうちから、トウギョのオスはすばらしい色彩に輝いているが、メスが近づくとたんにその色は深さと輝きを増す。オスは電光のようにメスにむかって突進し、心をもえたたせながら、メスの近くに静止する。メスが自然の呼びかけにしたがう態勢にあるときは、一定の色彩変化をおこしてこれをしめす。すなわち、明るい不規則な横縞《よこじま》もようがあらわれてくるのである。鰭《ひれ》をぴったりと閉じて、メスはそろそろとオスのほうへ泳ぎよる。オスは体をふるわせながら、鰭《ひれ》をちぎれんばかりに思いきり広げ、恋人にむかって、自分のすばらしく美しい横腹をせいいっぱいみせるようにする。だがつぎの瞬間、彼はすばらしく優美な探るような姿勢で体をくねらせながら、巣のほうへむかって泳ぎだす。この身振りが勧誘の意味をもつことは、はじめてそれをみた人にでもわかる。同様に、この遊泳行動の「儀式化」の本質も、すぐに理解できる。すなわち、この行動の光学的効果に役立つものは、みな芝居じみたほど誇張されている。体をくねらせたり、尾鰭《おびれ》をひらめかせたりするのがそれだ。これにたいし、実際の泳ぎそのものを機械的に可能にするものは、すべておさえられている。なぜならこの行動は、「ぼくはきみからはなれていくよ、急いでついておいで」ということを告げるものだからだ。オスはあまり遠くまではなれたり、あまり早く泳いだりはしないで、おずおずと恥ずかしげにしかついてこないメスのほうへすぐもどってゆく。

こんなふうにして、メスはとうとう泡の巣の下まで連れてゆかれる。そこでいよいよすばらしい恋の輪舞がはじまる。アルプス地方の熱帯魚愛好者たちは、これを「バイエルンの靴打ち踊り」と呼んでいる。趣味のない話だ。この輪舞はじつにやさしい優美なもので、むしろメヌエットに似ているからである。だがその全体の様式は、バリ島の寺院の舞い姫たちの催眠ダンスにそっくりだ。この恋の輪舞のさい、オスは古くからの規則によって、その美しい横腹をたえず妻のほうにむけていなくてはならず、一方、妻は夫にたいしていつも直角になるように位置し、一目でも夫に横腹をみせてはならない。さもないと彼はたちまち悪人になり、騎士道にはずれた粗暴さをあらわしてしまう。なぜなら、横腹をみせるということは、この魚でも他の多くの魚でも、闘わんとするオスの姿勢を意味しているからなのだ。したがってそれは、即座にオスの険悪な気分を引き起こすことになる。そして最高の愛が激烈な怒りに変わってしまうのだ。

さて、オスは巣から遠ざかるまいとするために、メスのまわりに輪を描いて泳ぐことになる。そしてメスも体の前端をたえずオスにむけたまま、オスの一挙一動についてゆくから、輪舞は泡の巣の中心の真下で、小さな円を描いてもつれあうことになる。

色彩はますます輝きを増し、行動はますますたかぶってくる。円はますますつぼまっていって、ついに二匹の体が触れあう。するとオスは突然にメスを体でぐっと抱きしめ、そっとあおむけにする。そして、ともに体をふるわせながら、二匹は生殖という偉大な行為を完了する。すなわち同時に卵子と精子を放出するのだ。交尾のあと、メスは何秒かの間、あおむけのまま放心したように動かない。だがオスには、すぐ着手すべき重要な仕事がある。

つまり、ガラスのように透きとおった小さな卵は、水よりもだいぶ重く、たちまち水底へ沈んでいってしまうのだ。そのため賢明にも、下むきになったオスの鼻先を、沈んでゆく卵が通ってゆくような交尾の姿勢がとられている。若い父親はさっそくその卵の処置にとりかかる。彼はそっと抱擁をとき、沈んでゆく卵を追っていって一つずつきちんと口でひろい集める。そしてすぐ泡の巣へもっていって、気泡の間に卵をつめこむ。この仕事は大急ぎでやらなくては

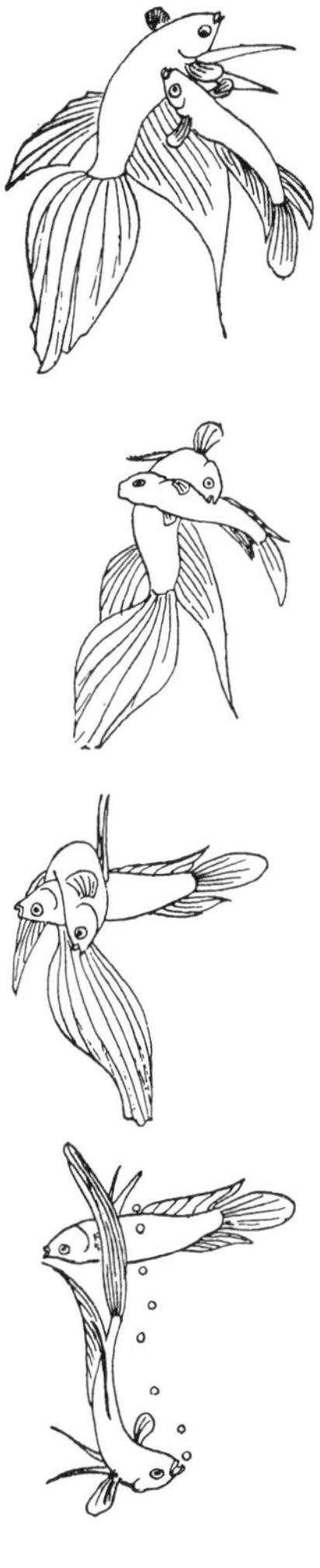

ならない。透明なガラス玉のような卵は、水底の泥にもぐってしまえばもうみつからないだろう。そればかりではない。何秒もたたぬうちにメスが意識をとりもどし、おなじように卵を追いかけていって、やはり一つずつひろい集めだすからだ。ハハア、よき妻が夫を助けはじめたな、彼女も水面に泳いでいって卵を巣につめこむのだな、と思うだろう。ところがそんなことは、いつになってもおこらない。メスに集められたこれらの卵は、永久に消え失せてしまう。飲みこまれて食われてしまうのだ。

夫は自分がなぜ急がねばならぬかをちゃんと知っている。さらに彼は、十回から二十回彼女とつがって、彼女の卵巣がからになったときは、彼女を巣の近くから追い払ってしまわねばならない。このことも彼はよくよくご承知だ。

騎士道的な宝石魚類の儀式は、トウギョの場合とはまったくちがう。この魚では両性ともに子どもの世話をする。子どもたちはニワトリのヒナのように、密集した群れをつくって両親について泳ぐ。動物を下等なものから高等なものへと順にみてくるとき、この宝石魚においてははじめて、人間が自己犠牲的、道徳的とみなす行動——すなわち、夫と妻が生殖という大仕事をとどこおりなくなしとげたのちも、なおかたいむすびつきを保っていっしょにいるという行動——があらわれてくる。宝石魚ではこのむすびつきが、子の養育のために必要とされる期間だけでなく、もっと先までつづくのである。これは重要な点だ。だいたい両性がいっしょに子どもの世話をするだけでも、これを「結婚」とよんでさしつかえないものなのだ。そのときにかならずしも夫婦の間にほんとうに個人的な結びつきがなりたっている必要はない。ところがじつに宝石魚類では、すでにそれがなりたっているのだ。

宝石魚がその配偶者を個人的に、独特の個体として認めているのかどうか客観的に知るためには、つぎのような実験が必要になる。つまり、配偶者をそれと同性の別の個体ととりかえてみるのである。ただしかわりに入れる魚は、もとのものと生殖周期の上で完全におなじ時期のものでなければならない。たとえば、卵を抱いている鳥のつがいからそのメスをとりさり、かわりとして、すでにヒナに給餌《きゅうじ》する心理・生理学的状態にあるもう一羽のメスを入れてやったらどうなるか。そうしたらもちろんそのメスの本能行為は、オスの行為とマッチするはずがない。当然重大な不調和が生じてくる。だがこのとき、鳥のオスは現在の妻がもとのつれあいでないことに気づいたのか、それともただ彼女に「気がきかない」といって怒っただけなのか、どちらとも判断はつけかねるのである。実際に結婚という状態にまでいたる唯一の魚である宝石魚類がこの点でどのようにふるまうか、私がおおいに理論的関心をそそられていたのは当然であった。それを研究するためには、まったくおなじ生殖段階にある同種の魚をふたつがい手に入れることが、なんとしても必要だった。この条件は一九四一年にいたってようやくみたされた。その魚は南アメリカ産の大型宝石魚の一種で、学名はヘリクティス・キアノグッタートゥスといった。訳せば、「青い点のある英雄魚」。この名はまさにぴったりである。ビロードのように黒い地色の上に、深いターキッシュブルーの虹を放つ斑点《はんてん》が複雑なモザイクもようをつくり、じつに魅惑的な美しさをみせている。そして、子どもを育てているこの魚の夫婦は、どんな大きな敵にでくわしても、その名に恥じない英雄的な勇気を発揮するのだ。私はこの魚の若者を五匹飼っていたが、彼らははじめは青い点もなく、英雄的な勇気ももちあわせていなかった。日光に恵まれたアクアリウムの中で、何週間もの間たっぷり餌を食べ、ぐんぐん成長した結果、ある日、いちばん大きい二匹のうちの一匹に青い斑紋《はんもん》があらわれ、それとまったく同時に勇気も生まれてきた。その魚は水槽の左前方のすみを占有すると、深い巣穴をいくつか掘って、産卵用に大きななめらかな石を用意した。石の表面についた藻などの付着物は、彼が注意深くとりさってしまった（われわれは、水槽の各すみに、あらかじめ適当な石を入れておいた）。ほかの四匹はびくびくしながら小さな群れをつくり、右側の水面近くとうしろのほうのあたりをうろついていた。だがすぐ翌朝には、この四匹のうちでむしろ小柄な一匹が、最初のやつと同じような婚姻色をあらわした。けれどもそのビロードのように黒い胸には青い斑点《はんてん》がなかった。つまりこの魚はメスだったのだ。さっそくオスは、トゲウオやトウギョの儀式にきわめて類似した儀式をくりひろげて、この恋人を獲得しようとしはじめた。

いまや二匹は例の産卵用の石と巣穴のあたりからはなれない。そしてこの領域をはげしく防衛する。残りの三匹にとっては、いささかおもしろくない。しかし数日後、第二の大きなオスが一人前になり、アクアリウムの右前下方のすみを闘いとるにいたって、ついにこの魚の名のおこりともなった「英雄的な勇気」の真価があらわれることになった。

二匹のオスは、それぞれ自分の城にたてこもる仲の悪い盗賊騎士のように、いがみあっている。勢力の境界線は、おくれて発情期に達した第二のオスの城のほうにかたよって引かれている。

そのわけはすぐ理解できそうだ。つまり、第二のオスが自分の領分からでていこうとすると、そこには第一のオス夫婦という二匹の邪魔者がいるのである。もちろんメスはオスほどはげしく彼を攻撃することはないけれども。それにもかかわらず、この孤独なオス——これからはたんにナンバー2と呼ぶことにしよう——は性懲《しょうこ》りもなく自分の城から出て、自由な場所へ泳ぎだし、メス・ナンバー1を誘惑して、自分の巣へ連れこもうとするのであった。けれどこの努力はさっぱり報いられず、彼女の前で横腹を広げて舞ってみせるたびに、彼女から横腹にはげしい攻撃をくらうのがおちだった。そして数日の間このままの状態がつづいた。

だがまもなく、二組の結婚というハピー・エンドがやってきた。それは第二のメスがいよいよ婚姻の衣装をまとってあらわれてきたからである。とはいえ、ことはそうかんたんには運ばなかった。オス・ナンバー2は新しく発情期にはいったこのメスにはほとんど目もくれなかったし、メスはメスで、彼のことを気にとめてもいなかった。彼女はたえずオス・ナンバー1を自分のものにしようと追いまわした。彼が自分の巣のほうへ泳いでゆくと、このメス・ナンバー2は、巣へ連れてゆかれるメスの姿勢をとって、かならず彼のあとについてゆくのであった。この他人の夫が巣のほうへ泳いでゆくと、彼女は「自分が誘われたものと思いこんだ」のだ。彼の妻はこの事情をすっかりのみこんでいたらしい。邪魔者が近づいてくるやいなや、たちまち怒りにもえて攻めたてにかかった。オスもそれに和したけれど、腰は重かった。オス・ナンバー2とメス・ナンバー2は、おたがいにたんに空気のような存在だった。それぞれの眼中にあるのは、幸せに結婚していて彼らのことなど気にもとめない異性たちだけであった。

もし私が干渉しなかったら、こんな状態がまだまだつづいたろう。私はこの二匹を、条件は今のとまったくひとしい別のアクアリウムへ移してやった。それぞれが懸命に、しかし報われることなく追いもとめていた愛の対象からひきはなされると、さすがに彼らもただちに相手の存在を意識した。そしてつがいになった。数日後、二組の夫婦は正確に同じ時間に産卵した。こうして私は望みどおり、生殖の周期においてぴたりと時期のそろった宝石魚をふたつがい手に入れることができたのだった。私は当時としてはとても珍しかったこの魚の養殖にたいへん関心をもっていたので、実験のほうは、両方のつがいの子がもうすこし大きくなり、たとえ両親の結婚が実験のために完全にこわれてしまっても、なんとか育っていけるくらいになるまで待つことにした。

いよいよその時期になったとき、私はメスを交換した。その結果は二とおりの解釈が可能であり、魚が彼のメスを個人的に認識しているかどうかという質問にたいして、一義的な答えを与えるものではなかった。というのは、そこでおこった結果にたいする私の解釈はかなり大胆であって、さらに実験的にたしかめる必要があったからだ。オス・ナンバー2は、交換されたメス、つまりオス・ナンバー1の妻をただちに受けいれた。だが、そのさい、彼は相手が前とはちがっていることに、やはりちゃんと気づいているように思われた。いや、気づいているどころではなかった。子守りの交替の行動や、メスとであったときの行動は、前よりも情熱的なはげしさを増したようにさえみえるのであった。メスのほうも、オスの儀式にただちに和し、いっしょに子どもの世話をする役目をよろこんで引き受けたようである。それは当然かもしれない。ヘリクティスのメスは、育児に熱中したメンドリのように、小さな子魚たちの群れに熱中しきっており、オスにたいしては、家庭の防衛者、ないしはときたま交替してくれるものとしてしか関心をもつことがないからである。

オス・ナンバー1とその子魚たちからメス・ナンバー1をとりさって、交換にメス・ナンバー2を入れてやったほうのアクアリウムでは、事態はまったく別だった。ここでもまた、メスは子魚以外は眼中になく、すぐ彼らの群れのほうへ泳いでゆき、親分格でふるまった。そしてこの交換でおどおどしていた子魚たちを、心配顔のメンドリがするようなぐあいにして、自分の近くに集めだした。すでに述べたとおり、メス・ナンバー1ももう一つの水槽の中で、これとまったくおなじことをやっていた。そしてオス・ナンバー2は、このとりかえられたメスの情熱をこめた交替の儀式をすなおに受け入れた。ところがこちらの水槽では、オス・ナンバー1はメスの儀式をまるきり信用せず、いつまでも子魚のそばにとどまって、交替する気などおこさないらしかった。それどころか次の瞬間には、なんの邪念もないメスの無防備な横腹めがけて猛然とおそいかかる始末であった。とたんに銀色の鱗《うろこ》が雲母《うんも》のようにキラキラ舞って、水底に落ちる。私はあわてて手を出して、メスを救ってやらねばならなかった。さもないと、彼女は数分のうちに瀕死の重傷を負ってしまっただろう。

これはどういうことなのか？　まず、前よりも美しいメス、つまり以前から彼が求めてやまなかったメスを手に入れたほうの魚は、この交換にすっかり満足した。だが美しい妻をとりあげられ、前には拒んでいたメスとすりかえられた魚のほうは、明らかに腹を立ててしまったのだ。おもしろいことに、このメスにたいする彼の攻撃は、以前彼女を正妻の面前で攻撃したときよりも、はるかにはげしいものであった！　前よりも「いい女」を手に入れたオス・ナンバー2も、もちろん相手が変わったことに気づいていたと思うけれど、断定はしきれない。

この珍しい魚の育児は、こうした愛情の問題よりはるかに興味深く、みていてもはるかに感動的である。巣の中に卵あるいはまだごく小さい子魚がはいっている間、彼らは巣に誠実に「奉仕」する。トゲウオがやるように、水をあおってたえず新鮮な水を巣に送りこむ。一定の時間ごとに、夫婦は軍隊のような正確さで交替する。やがて子魚たちが泳げるようになると、親は注意深く彼らを引き連れて泳ぎ、子魚の群れはいとも従順に親のあとからついてゆく。すべて一度みたら忘れられぬ、絵のような光景である。だがいちばんかわいらしいのは、もう泳げるようになった子魚たちが夕方になって寝かしつけられるときだ。子魚たちは生後数週に達するまで、毎晩日暮れどきになると、幼い時代をすごした巣穴へ連れもどされる。母親は巣の上にがんばっていて、きちんとしぐさのきまった動きをして子魚たちをひきよせる。体が赤く、そこに虹色に輝く斑点《はんてん》をたくさんもった美しいヘミクロミス・ビマクラートゥスという種類では、宝石をちりばめたようなメスの背鰭《せびれ》が、このさいにたいへん重要な役目を果たしている。背鰭《せびれ》は、速いテンポで上下に振り動かされ、それにつれて青い宝石が電光ニュースのように輝くのだ。この信号めがけて子魚たちが泳ぎよってきて、呼びよせている母親の足もとにある巣穴の中へみんな集まってしまう。そのひまに父親は、水槽じゅうをせわしく泳ぎまわり、おくれた子はいないかとさがす。もしいたら、もう呼びよせるようなまだるっこいことはせず、さっさとそいつを口の中へ吸いこんで、巣まで運び、巣穴の中へ吐きだしてやる。

さて、こんなふうにして寝かしつけられた子魚は、すぐ巣の床の上に落ち、そのままじっと横たわっている。じつに巧みな反射のしくみによって、「眠っている」宝石魚類の子の浮き袋はぎゅっとしぼんでいるために、体は水よりもずっと重くなる。そこで彼らは夜になれば、生まれたばかりで、浮き袋がまだガスで満たされていなかったときと同様に、小石のように巣穴の底にころがっていられるのである。この「重量獲得」反応は、親が子を口に入れたときにも解発される。もしこの反射機構がなかったら、夕方に子を集めてまわる父親は、子魚をまとめてゆくことができなかったろう。

こんなふうにして迷い子を家へ連れかえる仕事の最中に、私は一匹の宝石魚のオスがじつにみごとに職務を完遂するのをみて、すっかり驚嘆したことがあった。その日私は午後おそく研究室へいった。しばらくすると、もう日が暮れかけてきたが、まだ朝からなにも食べていない魚がいくつかいたので、急いでそれに餌をやってしまわなくてはならなかった。その中には、子を連れた宝石魚もひとつがいいた。水槽をのぞくと大部分の子魚たちはもう巣穴へはいっていて、母親が忠実に巣を見張っていた。ミミズの切れはしを水槽の中へ投げてやっても、彼女は食べようともしなかった。けれども、迷い子をさがしてアクアリウムじゅうをせかせかと走

りまわっていた父親は、みごとなミミズのしっぽ（どういう理由かわからないが、ミミズを食う魚はみなミミズの頭よりしっぽのほうが好きである）に気がつくと、つい仕事のほうがお留守になった。彼はさっそく泳ぎよってきてパックリかみついたが、ミミズが大きすぎたので一口に飲み下すわけにはいかなかった。そこで彼は、口をいっぱいにしてモグモグとかみはじめた。ところがそのとき、一匹の迷い子が水槽の中をひとりぼっちで泳いでいるのが目にとまったのである。電気でもかけられたように彼はとびあがって、すぐその子に追いつき、もうミミズでいっぱいになっている口の中へさらに子魚を吸いこんだ。さておもしろいことになったものだ！　魚はまるでちがう二つのものを口の中に入れている。一つは胃袋へ、もう一つは巣穴へ運ぶべきものなのだ。どうなるだろう？　断わっておくが、私はこのとき、この小さな宝石魚の子の命に一文だって賭ける気はなかった。その子の命はとうてい助かるまいと思ったのである。

ところが現実におこったのは、はるかにすばらしいことであった！　魚は口をほおばらせ、硬直したようにじっとしていた。かむこともせずに……。私は魚が思案するのをみた！　考えてもみたまえ、魚が真に心の葛藤におちいるとは。そして、まるで人間とおなじように、あらゆる道を断たれ、立ちすくんだまま、進むことも退くこともできないことになりうるとは、なんとおどろくべきことではないだろうか。

何秒もの間、宝石魚の父親は壁につきあたったようにつっ立っていた。だが彼の中でどんなことがおこっているか、ありありとみえるようであった。ついに彼は、この心の葛藤を彼なりの方法で解決した。それはまったく尊敬の念を禁じえないものであった。彼は口の中のものをぜんぶ吐きだした。ミミズは水底に沈んでいった。小さな宝石魚の子も、前に述べたようなぐあいに重くなって、やはり水底に沈んでいった。そこで宝石魚の父親は、確固とした態度でミミズのほうへむきなおり、あわてる様子もなくそれを食べはじめた。だが、片目はたえず「おとなしく」水底に横たわっている子魚のほうに注がれていた。いよいよミミズを食べ終わると、彼はこの子を口へ吸いこみ、無事わが家へ、母親のところへ送りとどけたのであった。

私とならんでなりゆきを見守っていた学生たちは、いっせいに賞賛の声をあげた。

5　永遠にかわらぬ友

煙突では春の嵐がうたい、私の書斎の前にそびえる古いモミの木立は、わきたつように枝を波うたせてざわめいている。突然、はるか上空から、一ダースほどの黒い流線型の弾丸が、窓枠ごしにみえる曇り空の一角めがけて飛びこんでくる。弾丸はまるで石のようにモミの木のてっぺんすれすれまで落ちてきて、とたんに大きな黒い翼を広げて鳥となり、軽い羽毛のかたまりとなって、嵐に捕えられ、みるまに視界から消えさってしまう。

私は窓ぎわに歩みよって、コクマルガラスが風とたわむれるこのかわった遊びを見守った。遊びだって？　そのとおり、厳密な意味において遊びである。なにか特定な目的のためでなく、自分のたのしみのためになされ、うち興ずるたくみな運動なのだ。明らかにこれは学習された行動であって、けっして本能的な、生まれつきのものではない。鳥たちがそこでやっていること、すなわち風の利用、正確な距離の見積もり、そしてとくに局所的な風の状態や上昇気流、エア・ポケット、渦の存在位置の知識などは、何一つ親からうけついだものではない。一羽、一羽が個々に獲得したものである。

おまけに鳥たちは、なにもかも風まかせにしているわけではない。ちょっとみると、ネコがネズミにむかうように、風が鳥たちをもてあそんでいるようにみえる。ところが役がらは反対で、鳥たちが嵐をもてあそんでいるのだ。彼らはほんのちょっと、ほんのちょっとだけ嵐の意にまかせるにすぎない。上昇気流にのって、あたかも上空へ落ちてゆくように高くほうりあげ

られる。それからやおら翼を動かし、風にむかってほんの一瞬風切羽《かざきりばね》をもちあげる。そしてたんなる落下の加速度の何倍もの速さで落ちてくる。そしてまたさっきと同じくらいわずかに翼を動かしただけで正常な姿勢にもどり、こんどは、翼をほとんどとじたまま嵐にむかって狂ったように突進する。すると東にむかって吹いている嵐の中を、彼らは西へむかって何百メートルも飛んでいってしまうのである。鳥はなんの力も要しない。嵐という盲目の巨人がいっさいの必要な仕事をしてくれる。鳥の体は時速百キロ以上もの速さで空中を貫いて運ばれるが、鳥自身はわずかに二、三回、ほとんど気づかれぬほどその黒い翼の姿勢を変えればすむのである。荒々しい力のなんとみごとな統御！　生命なきものの原始的な力にたいする、生命ある生きもののなんとすばらしい勝利だろう！

　アルテンベルクの切妻屋根のまわりにはじめてコクマルガラスが飛んでから、そして私が銀色の目をもったこの鳥に心をうばわれてから、もう二十四年たつ。われわれの人生における深い愛のはじまりがしばしばそうであるように、最初のコクマルガラスのヒナと対面したとき、私はそれがそれほど重大なことだとは気づかなかった。そのコクマルガラスはロザリア・ボンガール愛玩動物店にいた。私はもう四十年ほどもこの店と知り合いだ。そのヒナはいくぶんうす暗い籠《かご》の中にすわっていた。私はきっかり四シリングでそれを買った。そのヒナの大きな黄色くふちどられた赤いのどにおいしい餌をつめこんでやりたいという衝動にかられたからにす

ぎなかった。私はそいつがひとり立ちしたら、すぐに放してやろうと思っていた。そして実際そのとおりにした。ところが結果はまったく予期に反し、コクマルガラスたちは今なおわれわれの家の屋根でヒナをかえしている。動物に同情した行為がこんなによく報いられた例を、私はほかに経験したことがない。

　コクマルガラスほど発達した家族生活や社会生活をいとなむ鳥はごく少ないし、高等動物全体をみてもやはり少ない（社会をつくる昆虫はちがった範疇《はんちゅう》にはいる）。したがって、動物の子の中でもコクマルガラスのヒナほどに無力で、自分を養ってくれるものに甘えきりになる動物も珍しい。

　大羽の羽軸がかたくなっていよいよ完全に飛べるようになったとき、彼は私という個人にたいしてまるで子どものような愛着をしめしはじめた。私のあとをついて、彼は部屋から部屋へ飛んでまわる。やむをえずひとりぼっちにしておくと、彼は絶えいるように「チョック」と叫ぶ。この鳴き声が、とうとう彼の名前にもなった。それ以来ずっと、一羽だけでヒナから育てられた鳥には、その鳥の鳴き声で名をつけるという伝統ができあがった。

　こういうふうに、まるで子どものような従順さで飼い主になついてしまったコクマルガラス

の子は、科学的な興味の上でも大きな収穫をもたらした。いっしょに外へも出かけられるし、飛びかたや餌のとりかたをはじめ、そのあらゆる行動様式を、うんと近くから、しかも檻《おり》という境界でしきられていないまったく自然のままの環境下で、研究することができる。私には、自分が一九二六年の夏にチョックから学んだほど多くのしかも本質的に重要なことを、ほかのどの動物からも得たことはなかったように思えるのだ。

チョックがすぐに私を他の人びとより好きになったのは、私がコクマルガラスの鳴き声をまねした賜物《たまもの》であるにちがいない。私はチョックと長いこと散歩にいったし、サイクリングにさえでかけた。チョックはイヌのように忠実に私についてきた。チョックは私を個人的に知っていて、他のだれよりも私を好いていたことは疑いなかったが、彼の追尾行動が衝動的なものであり、さらにいえば反射行動に似たものであることが、しばしば注目すべき形で明らかになった。たとえば、

だれか他の人が私よりずっと早足で歩いてきて私を追いこすと、チョックはかならず私をほうりだし、その人を追いかけて飛んでゆくのだった。だが彼はまもなく自分の「まちがい」に気づき、急いで私のところへもどってくる。彼がだんだん育つにつれて、この訂正はしだいに速やかにおこなわれるようになっていった。だが早足の人のあとを追いかけようとする初発行動は、ずいぶんのちまでもしばしば認められた。
もしわれわれの前に一羽ないし数羽のズキンガラスが飛んでくると、チョックはもっとはげしい精神的葛藤におちいった。彼らの黒い翼がはばたき遠ざかってゆくのをみると、この若いコクマルガラスの中には、そのあとについて飛んでゆこうとするはげしい強い衝動が解発される。こんな場合、いくつかの苦い経験を経たのちもなお、チョックはそれに抵抗することができなかった。チョックはやみくもにズキンガラスのあとを追っていって、もうすこしで迷い子になるほど遠くまで連れてゆかれることもしばしばであった。
いちばん特徴的なのは、ズキンガラスたちが着陸したときにチョックのしめす行動だった。ズキンガラスたちが飛ぶのをやめると、はばたいている黒い翼の魔術も消えてしまう。とたんにチョックはさびしくなり、迷い子になったコクマルガラスのヒナが親を呼ぶときに出す、あのうったえるような調子で、私を呼びはじめるのだった。私の答える声を聞くやいなやチョックは飛び立ち、まっすぐ私にむかって飛んでくる。その勢いで、こんどは逆にチョックがズキンガラスたちをひきつけてしまう。彼がカラスの群れをしたがえて私のほうへ飛んでくることもしばしばあった。そんな場合には、ズキンガラスが遠くにいるうちに、彼らに私の存在を知らせてやらねばならなかった。さもないとさらに混乱がおこるのである。私がまだその混乱の危険を知らなかったときの話だが、ズキンガラスたちはただひたすらチョックのあとについてきて、私の真上までやってきてしまい、それでもなお私の存在に気づかなかった。だがついに彼らは私の姿をみつけ、大恐慌におちいって矢のように飛び去る。そのさわぎにおどろいて、こんどはチョックがまたもや連れ去られてしまうのであった。

　動物の社会的な行動には、その対象が遺伝的には決められておらず、各個体の経験によって決定されるものがある。チョックは自分のそのような社会的行動を、本来の鳥の仲間にではなくて人間にむけた。キプリングのモウグリ（『ジャングル・ブック』の主人公の狼少年）が自分をオオカミだと思いこんでいたように、チョックもまた、もし話すことができたならば、きっと自分は人間だといったことだろう。ただ、はばたいてゆく黒い翼という信号だけは、彼が生まれつき知っている「いっしょに飛んでこい！」という意味に理解された。いささか擬人的にいうならば、チョックは歩いているかぎり、自分は人間だと思っている。だがひとたび飛び立ったら自分はズキンガラスだと思う。なぜならばズキンガラスの黒いはばたく翼こそ、チョックがはじめて知ったカラスの翼であったからだ。

ラドヤード・キプリングのモウグリに恋がめざめたとき、そのはげしい衝動はモウグリをして同胞のオオカミたちからはなれさせ、人間のところへ立ちもどらせた。おそらくキプリングは正しかったのであろう。人間でも大部分の哺乳類でも、性的な愛の対象は、古い昔からの遺伝の深みにささやきかける特徴によって、それと明らかにわかるものなのである。

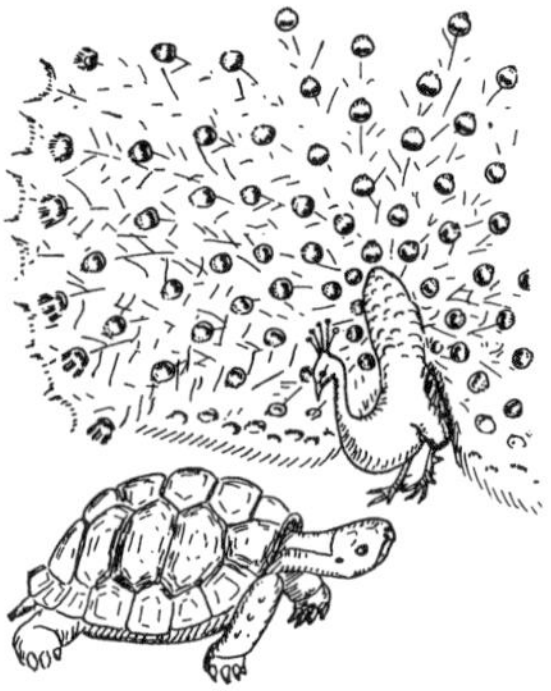

だが鳥ではまったくちがっている。ヒナのときから一羽だけで育てられ、同じ種類の仲間をまったくみたことのない鳥は、たいていの場合、自分がどの種類に属しているかをまったく「知らない」。すなわち、彼らの社会的衝動も彼らの性的な愛情も、彼らのごく幼い、刷りこみ可能な時期をともにすごした動物にむけられてしまうのである。したがって大部分の場合、それは人間にむけられる。こういう状態のもとでは、およそ珍妙なまちがいもおこりうる。たとえばこんなことだ。いま私の飼っているメスのガチョウは、六羽のヒナのうち五羽までが鳥結核にやられてたった一羽残ったものだ。そこで彼女はメンドリの仲間に入れられて育った。われわれがころあいをみはからって、すばらしいオスのガチョウをわざわざ買ってやったのにもか

かわらず、彼女はロードアイランド種のニワトリのオスに首ったけになり、さかんに求愛をあびせだした。そして肝心のオスガチョウの求愛など、意にもかいさなかったのだ。おなじような悲喜劇は、シェーンブルン動物園にいたオスのシロクジャクにもおこった。彼もまた、早くかえりすぎて冬の寒さで死に絶えた仲間のうちの唯一の生き残りであった。彼は動物園じゅうでいちばん暖かい部屋に入れられた。それは第一次大戦直後の当時では巨大なゾウガメの部屋であった。それからというもの、この不幸な鳥は一生の間ただこのぶざまな爬虫類にむかってだけ求愛し、あれほど美しいメスのクジャクの魅力にはまったく盲目となってしまったのである。衝動の対象をある特定のものに固定するこの「刷りこみ」という過程には、やりなおしがきかないのだ。

　チョックが成年に達したとき、彼はうちのメイドに恋をしたが、ほどなく彼女は結婚して、三キロばかりはなれた隣り村に引きうつってしまった。数日後チョックは隣り村でまた彼女をみつけだし、すぐに彼女の新居に間借りした。彼は夜だけわれわれの家の屋根裏のいつものねぐらへ帰ってきた。ところが六月もなかばとなって、コクマルガラスの交尾抱卵《ほうらん》期が終わったころ、突然彼はわれわれのうちへ帰ってきて、その春私が飼っていた十四羽のコ

クマルガラスのヒナの一羽を養子にした。この養い子にたいしては、彼はごくささいな点にいたるまで、正常なコクマルガラスたちがヒナにするのとまったくおなじように行動した。育児行動は、当然生まれつきのものであるはずだ。どんな鳥でも自分の子ははじめてみるものなのだから。もし鳥が、本能的に確立された、遺伝的な反応で子どもたちに応じるのでなかったら、彼らはきっと自分の子どもたちを引き裂いて、食べてしまうことであろう。

　さてここでぜひつけたしておかねばならぬことがある。チョックはじつはメスであった。前にいったら若い女性を夫とみなしていたこともたしかであった。そしてこのことは、チョックの行動をみていると、もはや疑いの余地がなかった。メスの動物は男に魅《ひ》かれ、オスは女に魅《ひ》かれる、というような「異性誘引の法則」は鳥ではまったくなりたたない。ただしオウムは例外で、きわめてしばしばこの法則があてはまる。そうしたわけで、親になってから買った一羽のコクマルガラス（オス）が、私を恋するようになり、私をコクマルガラスの妻とまったくおなじようにあつかうということもあった。この鳥は、自分のえらんだ直径わずか二、三十センチの巣穴の中に私をはいりこませようと、何時間でもしんぼう強く努めるのだった。人に刷りこみされたイエスズメのオスも同様で、私を私自身のチョッキのポケットにはいれと誘ったものである。さっきのべたコクマルガラスの夫にはとくにまいった。彼は自分がえりぬきの珍味だと思っている餌を、たえずしつこく私に食べさせようとする。そのさい奇妙なことに、彼は人間の口がものを飲みこむところであることを、解剖学的にじつに正しく「理解」した。もし私が適当な餌乞《ご》いの声をだしながら彼にむかって口を開いてやったなら、彼にこの上ない幸福を味わわせてやることができただろう。だがこれは私にしてみれば、相当の犠牲的精神を必要とした。というのは、いかにさすがの私でも、こまかくかみくだいて、コクマルガラスのつばきとこねあわせたミールワームは好きではなかったからだ。もちろんだれでもこんなおつきあいはできないと思うだろう。ところが、もしこの鳥にこういうふうに応じなかったら、こんどは耳を防衛せねばならない。さもないと、なにがなんだかわからないうちに、どちらかの耳にぐじゃっとした虫の生温かいかたまりが鼓膜のところまでぎゅうっとつめこまれてしまう。コクマルガラスは子やメスに餌のかたまりをのどの奥深く舌でおしこんでやる習性があるからである。しかし、給餌《きゅうじ》衝動にかられたコクマルガラスの夫が私の耳を「利用」するのは、私が口を出してやらなかったときだけである。彼はいつもまず第一に口へつめこもうとするのであった。

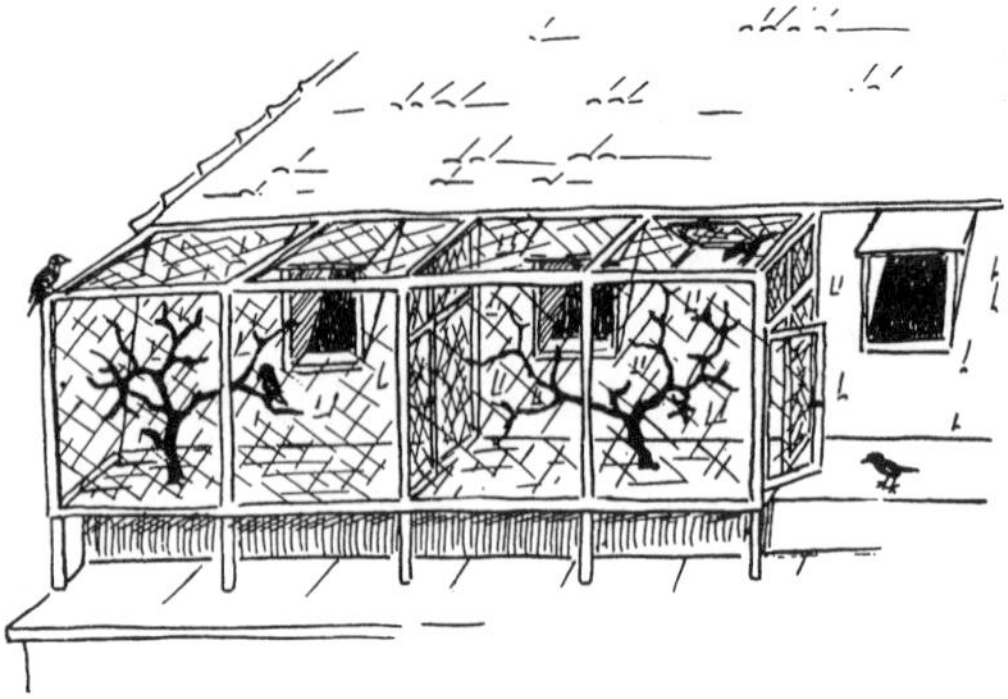

私が一九二七年に十四羽のコクマルガラスを育てたのも、ひとえにチョックのためだった。すなわち、人間にたいする彼女の本能的行動がさっぱり意味がわからずほとんど理解できなかったので、私は好奇心をかきたてられたのである。そこで私は、馴れたしかも自由に飛びまわるコクマルガラスの集団《コロニー》をすみつかせて、彼らの家族行動や性行動を調べてみようという気をおこした。以前私がチョックにしてやったようにこのコクマルガラスたちをいちいち導いて親代わりになってやることなど、とうてい不可能であったし、若いコクマルガラスの定位能力が貧弱なことはすでにチョックの例でもよくわかっていたので、私はこんどのコクマルガラスたちをきまった場所に落ち着かせておくなにかうまい方法を考えねばならなかった。

さんざん考えぬいたあげく、私は一案を思いついた。あとからみるとこれは満点といえるものだった。私はチョックがずっと前からすんでいた小さな窓の前に、細長いフライング

・ケージをつくった。それは二室にわかれていて、幅一メートルほどで石のひさしの上にのっており、長さは屋根の幅とおなじくらいあった。若いカラスたちには色のついた足環をつけて、私はそれで一羽一羽を区別した。ブラウブラウ（青青）とかレヒトロート（右赤）というような呼び名をつけたのである。

チョックははじめ、彼女の家のすぐ前でおこなわれたこのもよう替えにかなりおどろいたらしい。彼女がそれに慣れて、鳥小屋の前半分の屋根にあるトラップドアをくぐって勝手に出入りするようになるまでには、何日かかかった。

そこでチョックは、いちばん馴れた二羽のヒナ、すなわち、ブラウブラウ（青青）とブラウロート（青赤）といっしょにトラップドアのついた前室に移され、そこに閉じこめられた。残りのヒナたちはうしろのほうの部屋に閉じこめた。そして鳥たちは、このように別々にされたまま数日間ほうっておかれた。この処置の目的は、一度自由に飛びまわるようにされた鳥たちを、まだ鳥小屋に閉じこめられている連中との社会的むすびつきによってこの場所にひきとめるということにあった。前にもちょっとふれたように、チョックはちょうどそのころ若鳥たちのうちの一羽リンクスゲルプ（左黄）を自分のヒナとして養いはじめていた。そこでじつに幸いなことに、チョックは以下にのべる研究にとってうまいときに家へ帰ってくることになったのだ。私はリンクスゲルプを最初に放す鳥として使うのをやめた。というのは、残されたリン

クスゲルプへの愛着からチョックがあまり遠くへ行かないほうが、この実験にとっては都合がよいと思ったからである。また、もしリンクスゲルプを放したら、チョックがもう完全に飛ぶことのできるリンクスゲルプをつれて、愛するウンターアウアー夫人のいるサンクト・アンドレへひっこしてしまうおそれもあったからだった。

チョックが私のあとについて飛んできたように、若いコクマルガラスたちはチョックのあとを追って飛ぶものと私は期待していた。ところがこの期待は、一部分しかみたされなかった。私がはじめてトラップドアを開いてやったとき、チョックはもちろんすぐ外へ飛びだしたが、風のように舞い上がったきり、たちまちのうちに視界から姿を消してしまった。いっぽう若鳥たちのほうは、おいそれとはこの新しい戸口をくぐって外へ飛びだそうとはしなかった。けれどもチョックが外でわめきたて、自分についてくるように求めたら、彼らは二羽ともすぐそうするようになった。だが、チョックは若いカラスたちが自分よりゆっくりとしか飛べないことを意にかいさなかったから、若いカラスたちは最初の急降下のとき、はやチョックを見失ってしまった。のちに、リンクスゲルプが外へ出てきたとき、はじめてチョックはゆっくり飛んでやり、たえずふりかえってはリンクスゲルプの様子をみていてやるようになった。じつはコクマルガラスの親たちがヒナたちを飛びながら連れてゆくときには、かならずこうしているのである。リンクスゲルプ以外のヒナたちにたいしてはチョックは一顧《いっこ》だに与えなかった。いっぽうヒナたちは仲間同士で飛ぶよりも、チョックを指導者としたほうがよいにきまっていた。ヒナたちはそれこそ西も東もわからなかったが、チョックはもう近所の地理にくわしかったからだ。だがヒナたちはそのことを理解しているようにはみえなかった。

三羽か四羽のヒナを一度に放してみると、独特なそして危険な現象がおこった。おろかなヒナたちはたがいに仲間の指導を仰ぎたがる。すなわち、ほかのもののあとからついてゆこうと努めるのである。そこで彼らは行先も方向もなしに空中で輪をかきはじめ、おまけにだんだん大空高くのぼっていってしまうのだった。このような若いヒナたちにはまだ急降下ができないので、親ガラスがさっと下降してゆくとき、かならずといってよいくらい迷い子になってしまうのである。彼らが空高く舞い上がっているほど、この危険は大きかった。十四羽のうちの数羽が、残念にもこうして失われてしまった。というのも当時は十分役にたつ年長のコクマルガラスがまだいなかったからである（チョックはその時やっと一歳で、むろん性的に成熟してはいなかった）。そのような年長のカラスは、いずれくわしく述べるように、こんな迷い子たちを一定の適切な方法で家へ連れもどすことができるのである。

導きの親がいないことの欠陥は、他の面でもあらわれた。コクマルガラスのヒナたちは、自

分たちをおびやかす敵にたいする生まれつきの反応というものをまるきりもちあわせていない。カササギ、カモ、ロビンそのほかの鳥たちはネコやキツネはいうにおよばず、リスの姿をみかけても、とたんにすばやく身をかくしてしまう。たとえ彼らがごく小さいときから人間の手で育てられ、敵というものにであった経験がなくとも、彼らの行動には変わりがない。人の手で育てられたカササギのヒナも、けっしてネコにさらわれることはないし、ほとんど人間しか知らない手飼いのカモも、人が赤い毛皮をひきずって池のまわりを歩けば、さっそくこれに反応する。まるで彼らは、不倶《ふぐ》戴天《たいてん》の敵であるキツネというものがどういうものか一度もみたことがないにもかかわらず、それを「知っている」かのようにふるまうのだ。彼らはとたんにこわがりだし、用心深くなり、警戒の声を発して水面へ泳ぎでてゆく。しかし模型のキツネから目は離さず、そのゆく先々を凝視している。彼らは、というより彼らの生まれつきの反応様式は、キツネが飛ぶこともできず、カモを水の中で捕えるほどす

ばやく泳ぐこともできないのを、ちゃんと「知っている」のである。このような行動の意義は、キツネの姿がひとたび目にとまったら、それを「確認」し、みんなに知らせ、それによってキツネの意図をくじくことにある。

こうした鳥たちには、敵というものの知識が本能的に生まれつきそなわっている。しかし若いコクマルガラスたちはそれを個々に学ばねばならない。そして注目すべきことには、継承によってこれがおこなわれるのである。両親は彼らの個人的な経験を世代から世代へと子どもたちに伝えてゆく。

敵にたいする反応としてコクマルガラスが生まれつきもちあわせているのは、黒い、だらりとたれた、あるいはブルブルふるえるものを運ぶ生きものをやたらに攻撃するという反応だけである。そのときコクマルガラスは身をかがめ、翼をなかば広げてふるわせ、「ギャアギャア」という警戒声を発する。耳を聾《ろう》する金属性のこの叫び声が、はげしい腹立ちの表現であることはわれわれ人間にもはっきりわかる。

よく馴れた一羽のコクマルガラスを、檻《おり》に入れるために、あるいは爪を切ってやるために、つかまえるのはなんでもない。こわがったり用心したりする必要はないのだ。危険なのは二羽いるときだ。チョックは私がつかまえようとしても、私になんの危害も加えたりしなかった。けれども、十四羽のコクマルガラスたちが私の家に住まうことになったとき、ほかの仲間の目

の前でどれか一羽をつかまえるようなばかなまねは私はけっしてしなかった。最初、私はそんなこととはつゆ知らず、不用意にも一羽を手にとった。とたんに、背後であのわめき声が火のつくように悪魔のようにひびき、黒い矢が肩ごしに飛んできてヒナをにぎっている手につきささった。私は仰天して、手の甲にあけられた丸い深い穴をみつめるばかりであった。この攻撃が盲目的、衝動的なものであることはすぐわかった。なぜなら、そのときチョックは私とこの上ない友情で結ばれており、ほかの十四羽のヒナたちを心の底から憎んでいたからである（チョックがリンクスゲルプを養子にしたのはこれよりずっとのちのことだった）。私はヒナたちをいつもチョックの攻撃から守っておかねばならなかった。さもないとチョックは彼らをみな殺しにしてしまっただろう。それほど同類のヒナを憎んでいたにもかかわらず、チョックは私がヒナを手にとるのを、「見逃すわけにはいかなかった」のだ。

あの年の夏、じつに偶然な観察のおかげで、上記の反応が盲目的、反射的なものであることが、いっそう明らかになった。夕方、私はドナウ河での水あびを終えて家へ帰ってきた。そしていつものとおり、コクマルガラスたちを檻《おり》へしまい、寝かせつけるために、急いで屋根へのぼっていった。私がカラスたちに囲まれて屋根のへりに立ったとき、私はなんだかポケットのあたりがしめって冷たいのに気がついた。黒い水泳パンツだった。そういえば、急いでポケットへつっこんできたんだっけ。私はなんの気なしに水泳パンツをひっぱりだした。つぎの瞬間、私は狂ったようにわめきたてるコクマルガラスたちの雲にとり囲まれており、水泳パンツをもった手には、とびあがるほど痛いくちばしの攻撃が雨あられとふりそそいだのであった。

メントールのレフレックス・カメラは黒かったけれども、それを手にさげていてカラスたちの攻撃をうけたことはなかった。けれども、私がフィルムの黒い包み紙をひきだすやいなや、コクマルガラスたちはギャアギャアわめきたて、私におそいかかってきた。おそらくそれが風にそよいでゆれたからだろう。たしかに私はコクマルガラスたちから、彼らに危害など加えない動物、いや友だちとしてみられていた。しかしそんなことは、この場合なんの役にもたたなかった。私がなにか黒いもの、風にゆれるものを手にもっていたが最後、私は彼らをとって食う者だという烙《らく》印《いん》をおされてしまう。ところがおどろいたことに、コクマルガラス自身でさえ、おなじ目にあうのである。私は巣の材料にするためにワタリガラスの風切羽《かざきりばね》をくわえて帰ろうとしたメスのコクマ

ルガラスが、例のとおりの「ギャアギャア攻撃」をくらっているのをみたことがある。これにたいし、人に馴れたコクマルガラスは、人間が彼らのヒナを手にとっても、そのヒナにまだ羽毛が生えておらず、したがって黒くないときにはわめきもせず、攻撃することもない。けれども小さい羽毛の羽軸が生えてきて、ヒナが急に黒くなったその日から、ヒナにさわることはタブーとなる。あえてこのタブーをおかすなら、彼らのたけり狂うわめきと攻撃をあびることを覚悟せねばならない。

　ひとたびそのような攻撃をうけた「敵」は、その後はコクマルガラスの信用をまったく失ってしまう。この本能的行動は明らかにものすごい激昂《げっこう》を引き起こすものらしいが、それとむすびついた体験がどのような性質のものであるか、われわれはうかがい知ることができない。われわれの愛情とか、怒り、憎しみ、恐怖などは、動物の感情とはほとんど比較のしようもない。コクマルガラスがそこでなにを体験するのかわれわれにはわからないけれども、その体験がなにかひじょうに特異なもので、きわめて感動にみちたものであることは疑えない。

　このもえるような感動によってその動物の思い出の中には、重大な意味をもつ状況（「敵の爪にかけられたコクマルガラス」）と「犯人」の容姿とをつなぐ解きがたい思考の結合が、信じられぬほどの速さで焼きつけられてしまう。二度、三度とつづけて彼らの「ギャアギャア攻撃」を引き起こしたら、たとえいかにカラスがきみに馴れていてももうだめだ。永久に彼らの感情を害してしまう。そのとき以後、そのコクマルガラスは、きみの姿をみただけでわめきだす。黒いものやゆれ動くものを手にもっていなくとも、きみは彼らからカインの烙印《らくいん》をおされているのである。そればかりではない。このコクマルガラスはただちにきみの犯行を仲間ぜんぶに伝えてしまう。わめきはたちまちぜんたいに波及する。そして、それを聞いたカラスたちは、黒くてゆれ動くものをみつけたときとおなじくらいのすばやさで、いっせいに攻撃にかかってくる。きみの「悪評」は野火のように広がり、瞬時にしてきみは、あたりに住むすべてのコクマルガラスから、わめきたてるべき敵としてマークされてしまう。

疑いもなく、この「ギャアギャア反応」の本来の意味は、捕食者に捕えられた仲間を守ることにある。被害者を救いだせればよし、そうでなくとも捕食者の意図達成を困難にして、今後コクマルガラス狩りを思いとどまらせる効果がある。もし、このためにたとえばオオタカのような猛禽《もうきん》が、ギャアギャアわめいて邪魔しない鳥よりもコクマルガラスをきらうようになったとしたら、この反応はコクマルガラスにとってすでに「利益を生んでいる」、すなわち、種《しゅ》の維持に重要な価値をもっていることになる。このような本来の機能を果たすものとしての「ギャアギャア反応」は、ハシボソガラス、カササギ、ワタリガラスのように、非社会的な生活をするカラス類にも存在しているし、これに類した様式の反応は、小鳥たちにもみられる。

カラス類とくにコクマルガラスの社会的生活が進化してくるにつれて、この反応には仲間を守るという本来の意味の上に、もっと本質的に重要なことが新たにつけ加わった。それは、この反応によって、まだ経験のない若鳥に、どんな動物を敵としておそれるべきか、という知識が伝統のように伝えられてゆくということである。伝えられてゆくのは、このようにして獲得された真の知識であって、本能的にもって生まれた知識類似のものではないことを、十分意にとめておいてほしい。

自分の敵がどんなものか、生まれつき「本能的」には知らない一匹の動物が、年長の、経験をつんだ仲間から、どんな動物を敵としておそれるべきかを教わるのだ。おどろくべきことではないだろうか！　個々に得られた知識が父から子に伝えられる——それは真に伝統といえるものである。人間の子どもたちは両親の「好意ある」警告を一心に聞くコクマルガラスのヒナたちに見習うべきである。ヒナたちのまだ知らない生きものの姿があらわれたら、リードして

いる年長のコクマルガラスはたった一度だけわめいてそれが敵であることを教えてやればよい。ヒナたちの頭の中には、その敵の姿と警告との結合が、ただちにそして永久的に確立される。野生のコクマルガラスの生活では、経験のない若鳥たちが、危険な敵というものを知るのには、敵に捕えられた黒いゆれ動くものをみるまで待つ必要はほとんどない。コクマルガラスたちはいつも密集した群れをなして飛んでいる。したがって、その中には経験をつんだ鳥がかならずいて、それが敵の姿をみただけでわめきだすのだと考えてよい。

ところが私の十四羽のコクマルガラスには、危険を知らせてくれるものがだれもいなかった。警告してくれる親鳥がいないので、若鳥はネコがそおっと忍びよってきても平気でいた。獰猛《どうもう》な野良イヌが鼻先をつきつけてきても一向にこわがる様子はなく、自分を育ててくれた人間とおなじく安全で親しいものだと思いこんでいるらしかった。こんな次第だったから、私のコクマルガラスが自由に飛びまわりはじめたころ、何羽かがどこかへ消え失せたのもふしぎではなかった。私はこの危険とその原因とに気づいたので、その後はコクマルガラスたちを放すのはあまりネコのうろついていない昼間のうちだけにかぎることにした。けれども、毎晩鳥たちを正しい時間に檻《おり》の中へしまうのは、たいへんな時間と忍耐を要する仕事だった。十四羽のコクマルガラスを一つの檻《おり》にしまうことにくらべたら、一袋のノミの番をするほうがまだよっぽどましだったろう。（前に述べたような理由から）私は彼らを手でつかまえるわけにはいかなかった。うまく私の手にとまった一羽を、そおっと檻《おり》の入口から入れようとしているうちに、ほかの二羽がまた外へ飛びだしていってしまう。もちろん手前の檻《おり》を水門のように利用してなるべく逃亡を防いだけれど、ぜんぶのカラスたちをとまり木にとまらせおわるには、一時間ばかりかかった。そして、それが毎晩のことであった。

とにかくこんなふうにして、私はコクマルガラスたちと暮らしていた。彼らの一羽一羽の顔というか人相を、私は正確に知りぬいていた。もう色わけの足環をみたりする必要もなくなった、もちろん、これは言うに易《やす》く、おこなうに難《かた》いことである。なぜなら、一羽一羽を個別的に知りつくすには、ほんとうに長い間、たえず密接にふれあいながら、彼らと暮らしてゆかねばだめだからである。こういう前提がなかったら、コクマルガラスの社会生活の詳細に立ち入ることは不可能であったろう。

ところで、コクマルガラスたちもおたがいに相手を知りぬいているのだろうか？　博識な動物心理学者たちは、なかなかそんなことを信じようとしなかった。それどころか、そんな可能性もないとしきりに反論したものである。けれども私は自信をもって断言できる、私のコクマルガラスの群れのメンバーの一羽一羽は、たがいに相手を正確に認識しあっていると。このことは「順位」というかんたんな事実からもうかがい知ることができる。ニワトリを飼っている人ならだれでも知っているだろうが、鳥小屋の中のこのおよそ賢くない住人たちの間にも、ど

の鳥がどれをおそれるかという、れっきとした順序がなりたっている。ちょっとみていたくらいではわからない何回かの対決がすむと、もう鳥たちはおのおの自分はだれを避けるべきか、だれは自分を避けるべきかを知る。この順位の成立は、ただ個々の鳥の体力ばかりできまるのではない。個人的な勇気とか、エネルギーとか、さらにあえていうならば自信とかも、おなじくらい重要な規準となる。

社会性鳥類におけるこのような順位は、おそろしく保守的なものである。ある序列にいるものは、たとえその序列がただ「道徳的に」なりたっているものであったにせよ、それをきわめて長い間守っている。そして、鳥たちがたえずたがいに接触を保っているかぎり、軽々しく自分より上位のものに反抗したりしようとはしない。哺乳類のうちもっとも高等で知能のすすんだ種類にも、同様なことがみられる。

コクマルガラスの群れにみられる順位の争いは、あるきわめて本質的な点でニワトリのそれとちがっている。ニワトリでは、最下位の個体には気の休まるときがない。非社会性の動物を人工的に集団にさせた場合や、ニワトリ小屋、あるいはフライング・ケージの中の小鳥たちの間では、順位の高いものたちは、最下位のものをとくに好んではげしく追いまわす。コクマルガラスではまったくちがう。コクマルガラスの社会では、順位の高いもの、とくに最高位の「デスポット（独裁者）」は、順位がずっと低いものにたいしては攻撃しようという気をおこさない。ただしすぐ次の順位にある鳥にたいしては、すぐに腹を立てる。とくにデスポットは「王位を狙うもの」にたいして、つまり、順位ナンバー1がナンバー2にたいして、激しやすいのである。一例をあげてみよう。コクマルガラスAが餌場に降りて食べている。そこへコクマルガラスBが「威圧的態度」でやってくる。頭を高くあげ、首をそらせ、重々しく。それを見てAはわきへよけるが、ほかには変わったこともなく、食べつづける。今度はCがやってくる。Cの態度はあまり威圧的でない。ところがCを見るとAはあわてて逃げてしまう。Bは背の羽毛を逆立てて威嚇の姿勢をとり、Cを攻撃し追い払う。説明はこうだ——Cの順位はAとBの中間にあり、Aをおそれさせるに足るほどAに近く、かつBの怒りを引き起こすに足るほどBにも近かったのである。

　順位のずっと高いコクマルガラスは、順位がずっと低いものにたいして、きわめて友好的である。彼らは後者をいわば空気のようにみなしている。いちおうは威圧的態度をとるけれども、それは「まったく形式だけ」のものである。後者があまり近よると威嚇の姿勢をとるが、真の攻撃にうつることはまずないといってよい。高位のものが低位のものにどれくらい腹を立てるかは、もっぱら低位のものの順位によってきまってくる。それ自体ではきわめて単純なこの行動が、群れのメンバー間に争いがおきたとき、おそろしく「適切な」調停の役割を果たすのである。つまり人間における同様にコクマルガラスでも、ある表現運動はその対象になっていない第三者にまで影響をおよぼす。順位の低い二羽が争いだし、その争いがはげしくなると、たちまち、近くでみていた順位の高いコクマルガラスが奮然とこれに割りこんでゆく。けれども干渉にはいった鳥は、争っている二羽のうちの順位の高いほうにたいして激するのがつねである。そこで、割ってはいった順位の高い鳥、とくに群れのデスポットは、かならず騎士道の原則にしたがってふるまうことになる。すなわち、どちらかが強いときは、かならず弱い側に立つのである。そして、熾烈《しれつ》な争いはほとんどの場合、営巣場所をめぐって発生するために（そのほかの場合には順位の低いものが闘わずしてひきさがる）、オスのコクマルガラスのこのような行動は、順位の低いメンバーの巣を守ってやることになり、きわめて有益な役割を果たしている。

コクマルガラスの群れのメンバー間の社会的な順位は、ひとたび確立すると、おそろしく保守的に維持されてゆく。私はなにか外からの誘因なしに、たとえばそれまで下位にあったもの

が反抗したというような、自発的な順位の転覆がおこった例をみたことがない。たった一回だけ、私のコクマルガラスの群れの中で、デスポットが王位をうばわれるという事件がおこったことがあった。反逆の主は一羽の出もどり息子で、もとは群れのメンバーだったが、長い間群れからはなれていたために、君主へのさしもの深い尊敬も失われていたらしい。この無法者は、両脚にアルミニウムの足環をはめていたので、「ドッペルロシッテン（ダブル・アルミニウム）」と呼ばれていた。彼は一九三一年の秋、すっかり羽がわりをすませ、いろいろな夏の旅でたくましくなって、古巣へ帰ってきた。そして最初の対決でそれまでのトップ男性であったゲルプグリューン（黄緑）に勝った。この事件は二つの見地から注目に値する。第一に、この闘いにおいてドッペルロシッテンはゲルプグリューンの妻をも相手にして闘った（ドッペルロシッテンはまだ結婚していなかった）。第二に、彼はそのときやっと一歳半だったのにたいし、ゲルプグリューンはずっと年長で、一九二七年以来の十四羽の一羽であった。

この革命に私が気づいたいきさつも、興味深いものであった。私がふと餌場をみると、一羽の小さい、おとなしい、順位もずっと低い若いコクマルガラスのメスが、静かに餌をついばんでいたゲルプグリューンの体にずんずん近よってゆくのである。ついに彼女は、まるで当然のことのように威圧的な態度をとりはじめた。すると大きなオスのほうが、静かに抗議一つせず、場所をあけわたしたのであった。まもなく私は、帰ってきた若いコクマルガラスの英雄がゲルプグリューンから王位をうばったことを知った。私はすぐにこう思った——王位をうばわれたデスポットは、まだ生々しい敗北の印象で気も転倒しているのだろう、だからあんな若いメスにまでおどおどした態度をとるのだろう、と。この想像はまちがっていた。ゲルプグリューンはただドッペルロシッテンに敗れただけだった。だから彼はナンバー2になっただけで、その順位は確固たるものだった。だが、ドッペルロシッテンは帰るやいなや、さっきの若い娘に惚《ほ》れこんだ。そして二日とたたぬうちに、彼女と婚約をすませていた。コクマルガラスの夫婦はどんな争いにもかならず忠実に勇敢に加勢しあう。したがって二羽の間には、本来の意味における順位が成立しなくなり、ほかのメンバーとの対決において二羽は自動的に同一の順位をもつことになる。婚約によって花嫁はただちに花婿の順位に昇進するのがきまりである。その逆のことはおこらない。つまりここには犯しがたい法律がある。コクマルガラスのオスは自分より順位の高い妻をめとってはならないのだ。

この事件で異様なのは、順位の転覆そのものより、それまで大多数の仲間からつれなくあしらわれていたその小さなメスが今日からは「大統領夫人」であって、だれももう白い目でにらんではならぬということが、群れじゅうにさっと伝わったその速さである。なおふしぎなのは、彼女自身がそれを知っているということだ。動物はいやな経験をすると、すぐ臆病《おくびょう》になったりおそれたりする。それは動物にとってさしてむずかしいことではない。けれども、それまで存在していた危険がいまや取り払われていることを理解し、それ相応に勇気を得るというのは、動物にとっては、なかなかたいへんなことである。その小さなメスは、四十八時間とたたないのに、自分に許されたことをもうちゃんと知っていた。残念ながら、彼女は自分の新しい権利を十分すぎるほど行使した。順位の高いコクマルガラスが順位の低いものたちにしめすあの「高貴な」というかむしろ「無神経な」寛容を、彼女はまったく欠いていた。むしろ彼女は機会あるごとに以前の上位者たちをつつきまわした。そのさい彼女は威圧的な身振りだけでは我慢できず、すぐに荒っぽい行動にうつった。一言でいえば、彼女はきわめて俗物的にふるまったのである。

こんな表現をしても、私はけっして擬人化しているわけではない。いわゆるあまりに人間的なものは、ほとんどつねに、前人間的なものであり、したがってわれわれにも高等動物にも共通に存在するものだ、ということを理解してもらいたい。心配は無用、私は人間の性質をそのまま動物に投影しているわけではない。むしろ私はその逆に、どれほど多くの動物的な遺産が人間の中に残っているかをしめしているにすぎないのだ。私はさきほど、コクマルガラスのオスがコクマルガラスの娘にたちまち惚《ほ》れこんだと述べた。これもちっとも擬人化ではない。この惚《ほ》れこむということ——イギリス人はたいへん造形的に「恋におちる」というけれども——においても多くの高等な鳥類や哺乳類は、まさに人間と同様にふるまうのである。コクマルガラスにおいても、深い恋がたちまちにして生まれることがしばしばある。わずか一日か二日のうちに、しかも、やはり人間とおなじように、まったく「一目みただけで」惚《ほ》れることだって珍しくない。そして多くは瞬間的に婚約する。長い間いっしょにいたことの信頼感が婚約という独特な過程を助けるものとわれわれは考えがちだけれど、そんなことはないのである。場合によっては長年親しくしてきたために妨げられていたものが、かえって一時的な別離によっておこる例さえある。私は以前からたがいに友だちだった二羽のガンが、長い間別々にされていたあげく再会したときに、はじめて婚約したのをみたことがある。

動物の愛と結婚は「獣的な」したがって肉欲的な動機に支配されたものだという先入観も正しくない。愛と結婚が大きな役割を果たしているような動物では、ほとんどつねに婚約が肉体的な結合に長期間先立つことを強調しておく必要がある。

コクマルガラスは生まれた次の春に婚約する。けれども、彼らが生殖可能となるのは、そのまた翌年の春である。これはガンでもおなじだ。したがってこれらの鳥たちでは、正式の婚約時代というものが、きっちり一年間あることになる。コクマルガラスのオスの求愛は、彼が求愛のための特別な器官をもっていないという点では、オスのガンの求愛やさらには人間の若者の求愛とよく似ている。クジャクのように色とりどりの羽毛もない。ナイチンゲールのような声もない。だから結婚しようと望むコクマルガラスのオスは、これといって助けになる手段もないままに「なんとかせねば」ならないのだ。彼がこの目的を達するやりかたは、多くの点であきれるほど人間的なので、みているとたのしくなってくる。コクマルガラスの若者は、ない力をふりしぼって「誇示」をする。彼のあらゆる動きには肩を怒《いか》らせるようなところがあり、彼は威圧的な姿勢（のどをひき、うなじを伸ばす）をほとんどくずすことがない。そしてたえずほかのコクマルガラスとの衝突を待ちもうけており、いつもならこわくて近よれないような上位者との闘いにもとびこんでゆく。ただし、「彼女」がみていてくれるかぎりだ。

けれども彼は恋人の気持を、まずすばらしい巣穴をもっているということでひこうとする。その巣穴からはほかのコクマルガラスをすべて順位に関係なく追い払い、巣穴の中から巣へ誘う呼びかけをする。この呼びかけは一定の調子をもった、高い、鋭い声で、「ツィック、ツィック、ツィック」と聞こえる。この「巣への誘《いざな》い」は、たいていは象徴的なものにすぎない。この段階では、その穴がほんとうに巣をつくるのに適しているかどうかは問題でない。どこか薄暗い一角でも、とてもはいりこめないほど狭い小穴でも、この「ツィックの儀式」には十分である。私の耳にミールワームをつめこもうとした例のコクマルガラスは、ほんの小さなミールワーム入りのつぼが気に入って、そのへりでよくツィック、ツィックとやったものだった。

野生のコクマルガラスも、われわれの家の煙突の入口をこの目的に利用する。じっさいに巣をかけたことは一度もありはしないのだが。そこで毎年、早春になると、ツィック、ツィックという声があちこちの部屋のストーヴから、神秘にみちてひびいてくるのだった。

求愛しているコクマルガラスのオスの自己誇示はすべてたえず特定のメスに向けられている。けれどメスのほうは、その演技がすべて自分への好意からなされているということを、どのようにして知るのだろう？　「瞳《ひとみ》が語る」のだ。オスは演技の間じゅう恋人のほうをみつめている。もし恋人が飛び立つ気配でもみせると、一瞬その努力をやめる。もっともメスのほうは、その若者に関心があるかぎり、おいそれと飛び立ったりはしない。

きわめて独特で、擬人化を好まない観察者にとってさえこっけいでたまらないのは、求愛するオスと言い寄られているメスの目の演技のちがいである。オスがたえず目を輝かせ、じっと

娘をみつめているのに、彼女のほうは一見そしらぬ顔で大空のあちこちへ目をうつす。求愛しているオスには一目もくれない。だがじつは、彼女は何分の一秒かの間、チラリと彼をみるのである。彼の魅力はすべて彼女のためにあることを知るためには、そして彼女がそれを知っていることを彼が知るためには、それで十分なのだ。もし彼女が正直なところ彼に関心を抱いていなかったら、彼のほうをふりかえったりはしない。すると若者のほうもその実らぬ努力をさっさとやめてしまう。ちょうど、人間の若者たちのように。

コクマルガラスの娘がついに「ええ」というときは、こんなふうにする。すなわち、最高度の威圧的姿勢をとって近づいてくるオスの前で体をかがめ、一種独特なかっこうで、翼と尾をふるわせるのだ。この行動の様式は交尾への誘いが象徴的に「儀式化」されたものである。この行動が交尾そのものに直結することはけっしてない。あくまでもあいさつの儀式である。結婚しているコクマルガラスの妻は、真の交尾期以外でも、夫にたいしていつもこの行動であいさつする。この儀式は、本来の直接に性的な意味を完全に失っており、いまでは妻のやさしい従順さを夫に表現するだけのものになっている。

こうして、花嫁がその夫に「身をゆだねる」ことをしめしたその瞬間から、彼女もそれをみずから意識して、群れのほかのメンバーすべてにたいして、攻撃的となる。メスは婚約によって、群れの中で今まではるかに高い順位にのぼることを約束される。なぜなら彼女たちは結婚せずにいるかぎり、平均的にみてオスたちより小さく弱く、オスたちより低い順位に甘んじるほかはないからだ。

若い婚約者二人は、緊密な攻防協定を結ぶ。一羽がゆけば、もう一羽も即座にそれに味方して、はげしくつっこんでゆく。これはたいへん重要なことである。彼らは年長で順位も高いほかの夫婦に対抗して、営巣場所を闘いとり、守らねばならないからだ。この勇ましい愛をみるとだれでも感動する。最高の威圧的態度をほとんどとりつづけたまま、たがいに一メートルとはなれず、彼らは生活の中を歩いてゆく。二人はたがいに相手を誇りあっているようだ。肩を並べて重々しく歩き、頭の毛をうんと逆立てているので、黒いビロードの帽子と明るい灰色の絹のようなうなじが、ますます美しく、いきいきとみえる。そして二人は、外には荒々しく、たがい同士はまことにやさしい。オスは好物をみつけると、かならずこっそりメスに渡す。そのときメスはこの贈りものを、ヒナがねだるようなそぶりで受けとるのだ。一般に彼らの「愛のささやき」には、子どもらしいひびきが

ある。そんな声を、おとなのコクマルガラスはふだんはけっして出すことがない。これもまた、じつに人間的なことではないか！　われわれ人間でも情愛のこもった表現には、かならず子どもらしさがふくまれている。このことは否定できない。われわれの情愛をしめすことばも、みな指小辞ではないか？

メスがしめす情愛の表現のうちでいちばんはっきりしているのは、恋人の頭の羽毛をととのえて、彼が自分のくちばしではさわれぬ部分をお化粧してやることである。社会生活をする他の多くの鳥や哺乳類と同様に、仲のよいコクマルガラスたちはそんなとき以外にも、副次的な性的意味なしに「社会的毛づくろい」を愛情のつとめにしている。けれど私の知るかぎりでは、恋におちたコクマルガラスの娘ほど、これに情熱をかたむけるものはない。何分間もの間——これはこの水銀のように活発な鳥にとっては、ずいぶん長い時間である——彼女は夫のすばらしい絹のような、長いうなじの羽毛をくしけずってやる。その間、彼はうっとりとして目をなかば閉じ、頭の羽毛をいっぱいに立てて、うなじを彼女のほうにさしのべている。ことわざにもなっているハトやインセパラブル（ラヴ・バード、インコの一種）をもふくめ、こんなむきだしの感動的な形で恋のやさしさを表現する動物は、コクマルガラスをおいてはまず見当たらない。なによりもすばらしいことに、このやさしさは長年の忠実な結婚生活の間に、おとろえるどころかいよいよ深まってゆくのである。コクマルガラスは長生きの鳥である。おそらくは人間とそれほどちがわぬ年まで生きるのだろう。前にもいったように、コクマルガラスは一年目に婚約し、二年目にはもう結婚するのだから、彼らの絆は長く、おそらくは人間の結婚生活よりも長くつづくものと思われる。しかも何年たったのちもなお、その人生の最初の年であった一年目の春とおなじように、夫はやさしく妻に食物を贈り、妻はやはり静かな、内なる興奮にふるえる愛のうたを見出すのである。

私はコクマルガラスの数々の婚約と結婚をまのあたりに見たし、その後の様子も見守ってきた。その中でたった一つだけが長つづきせず、オスとメスは婚約の最初の時期に別れてしまった。この挫折の責任は、リンクスグリューン（左緑）という名の、異常に情熱的な若い娘にあった。

一九二八年の早春、つまり一九二七年に生まれた十四羽にとっては最初の春、まず当時のデスポットであったゲルプグリューンが、娘ざかりのものたちのうちでもいちばん美しかったロートゲルプ（赤黄）と婚約した。私にだって彼女がいちばん気に入っただろう。群れのナンバー2であるオスのコクマルガラス、ブラウゲルプ（青黄）は、私がみぬいたところでは、まずやはりロートゲルプに求愛したらしい。だがその後、彼はわりと大柄でメスとしてはたくましいレヒトロート（右赤）と婚約した。ブラウゲルプとレヒトロートの婚約には、ゲルプグリューンとロートゲルプの婚約よりも、明らかに時間がかかったし、またその間の興奮も弱かった。

それはブラウゲルプとレヒトロートに似つかわしいものだったが、あまりはげしい恋とはいえなかった。

コクマルガラスの一年子が性的興奮に達する正確な時期は、かなりばらばらである。右に述べた連中は、三月末から四月はじめにかけて「男の子を意識する」ようになった。問題のリンクスグリューンは、やっと五月のはじめにそこまで成熟した。と思ったら、彼女はたちまち花々しく舞台に登場してきたのである。彼女は小柄で、順位もかなり低かった。うなじの灰色は銀色のつやが少なかった。だから彼女は人間から考えると、ロートゲルプはいうまでもなく、レヒトロートよりも美しくなかった。だが彼女には情熱があった。彼女はブラウゲルプに恋をした。彼女の恋はレヒトロートの恋よりもはるかに根気がよかったので、結末を先に述べて文学的には芸がないが、とにかく自分より美しくたくましいライバルに勝ったのであった。

私がこの恋のドラマの開幕を知ったのは、こんなシーンを目撃したからである。ブラウゲルプが開いた檻《おり》のドアの枠に静かにとまっている。彼は左側にとまっているレヒトロートから、気持よさそうにうなじの羽毛を梳《す》いてもらっていた。そこへ、どちらにも気づかれずに、同じドアの枠へリンクスグリューンが降りてとまった。そしてまず、つがいから一メートルほどのところでじっととまったまま、緊張した目つきで恋人たちをみやった。それから彼女は右のほうから、そろそろと、注意ぶかく、首をもたげて明らかにいつでも逃げだせる態勢をとりながら、ブラウゲルプのほうへすこしずつ近寄ってゆき、とうとう彼のうなじの羽毛を、右側からつくろいはじめたのだった。ブラウゲル

プは気づかなかった——いまや彼は両側から羽づくろいされているのだということを。彼は前にも述べたとおり、うっとりして両目を閉じていたからである。レヒトロートも気づかなかった。もともと太っていて大きなうえに今はすっかり羽毛を逆立てたオスが、彼女とリンクスグリューンの間に立ち、視界をふさいでいたからである。この危険な状況は数分間つづいた。ついにブラウゲルプが何気なく右目をすこしあけたとき、彼の目に見知らぬメスの姿がうつった。彼はフーッとうめき、やにわに彼女につっかかった。そのとき、レヒトロートにもリンクスグリューンの存在がみえた。オスの攻撃姿勢で視界が開《ひら》けたからである。彼女は一気に恋人をおどりこえ、小

柄なライバルめがけて突撃した。その速さと荒々しさ――私は彼女が小さなリンクスグリューンの腹の底を知りぬいているのかと思ったほどだった。

いやたしかに、この正妻は事態の重大さを明確につかんでいた。あとにも先にも、私はコクマルガラスがこれほどたけりくるって相手を追いまわしたのをみたことがない。だがまったくの徒労であった。小柄で筋肉質のリンクスグリューンは、飛ぶことにかけては明らかにうわ手だった。正式の花嫁が長い空の追跡のあげく、ふたたび恋人のもとへ帰ってきたとき、彼女はすっかり息を切らせていた。一分とたたずに、リンクスグリューンももどってきた。息など切らせてはいなかった。そして、これが勝負の岐《わか》れ目であった。

リンクスグリューンのしつこい求愛はけっしてセンスのよいものではなかったが、おどろくほどしんぼう強いものであった。彼女は二人のあとを毎日、毎日あきもせずについてまわった。正妻がいかに彼女を攻撃しようとも、いかに遠くまで追い払おうとも、妻が恋人のもとに帰って数秒とたたぬうちに、このしつこい悪女もまた姿をあらわすのだった。ブラウゲルプははじめはきつい態度をとり、彼女をよせつけようとはしなかった。彼は彼女を実際に追い払うことはなかったが、彼女のほうは彼のくちばしの届く範囲には近づこうとしなかった。さもなかったら、彼女はこっぴどいめにあっていただろう。彼女の女らしさが彼の手きびしい追跡をまぬがれさせたのだとは思えない。それはおそらく、順位の高いコクマルガラスは順位の低いものを気にかけないという、あの不文律のおかげにすぎなかったにちがいない。

リンクスグリューンはブラウゲルプのこの寛容を恥ずるところもなく利用した。そして故意に自分とレヒトロートとの間に彼をおこうとした。二人がなにかで忙しくしている間じゅう、彼女はどこへでも二人についてまわった。もちろん用心深く距離をおいて。二人が心地よい休息をとろうとして体をすりよせると、リンクスグリューンも近よってゆく。レヒトロートが恋人の髪をなではじめると、リンクスグリューンも急いで反対側からかけよって、ちょっとだけ彼の髪を愛撫するのであった。

だが、水滴もいつかは石を……という。レヒトロートの攻撃もすこしずつ、すこしずつ、そのきびしさを失っていった。ブラウゲルプは同時に両側から羽毛を愛撫されることに、しだいに慣れっこになっていった。とうとう私は、いささかおどろくような光景を目撃した。ブラウゲルプがそこにとまっていて、後頭部の羽毛をレヒトロートに梳《す》いてもらっていた。反対側からは小柄なリンクスグリューンがおなじことをしてやっていた。突然、なんの理由かわからないが、レヒトロートは梳《す》くのをやめて、飛び去った。目を開いたオスは、反対側にリンクスグリューンのいるのをみた。彼は彼女をつついただろうか？　追い払ったろうか？　そのどちらでもなかった。彼はそろそろと頭をまわし、小柄なリンクスグリューンに後頭部をさしだした。明らかに彼女にそこを梳《す》いてもらうつもりの姿勢だった。そしてふたたび目を閉じたのである！

それ以来、リンクスグリューンは、急速に彼の心にはいりこんでいった。数日後、私は彼が彼女に正式に、そしてやさしげに、食物を与えているのをみた。もちろんそのとき、レヒトロートはいなかった。だがこれを彼が意識的に「正妻にかくれて」やったのだと考えたら、それは鳥の心理的能力をあまりに過大評価したことになるだろう。そのときレヒトロートがそこにいたならば、その食物は当然レヒトロートがもらったろう。たまたま彼女がそこにいなかったから、ほかのものが受けとることになっただけだ。オスの心をつかむにつれて、リンクスグリューンはしだいに大胆にレヒトロートに敵対するようになっていった。もはや彼女はレヒトロートをみても、そうやたらとは逃げなくなり、ときには二羽の間に闘いがおこることもあるようになった。そのときのブラウゲルプの行動はこっけいであった。それ以外のときならば、彼は他のすべての仲間を敵にまわして、正妻の側に立っただろうけれど、この場合には明らかに一種の困惑におちいったのである。たしかに彼はリンクスグリューンを威嚇した。けれど、けっしてそれ以上の攻撃にはでなかった。いやあるときなどは、レヒトロートにたいして軽い威嚇の身振りさえしめした。この錯雑した事態での、彼の抑圧、「困惑」は見落とすことができない。

このロマンの結末は、突然にしかも劇的にやってきた。ある日の朝、ブラウゲルプの姿がみえなくなっていた。そして彼とともにリンクスグリューンも！　二羽のおとなのしかも経験をつんだ鳥が、同時に災難にあうというはずはない。疑いもなく、彼らはどこかへ飛び去っていったのだ。人間にとってと同様に、心の葛藤状態は、動物にとっても苦しいのだ。このコクマルガラスの夫を見知らぬ土地へ追いやったのは、あいいれない情動の相克《そうこく》であったかもしれない。私にはそれもありえないこととは思えないのだ。

結婚した年長の夫婦にこのような事件がおこったのを、私は一度も見たことがない。婚約中のものにもやたらにおこるとは思われない。私が長い間みてきたコクマルガラスの夫婦たちは、みな死ぬまで忠実につれそっている。つれあいに先立たれたものたちは、似あいの相手がみつかればもちろん再婚する。ただし、年かさで順位も高いメスにとっては、それはあまり容易なことではないのだが。

生後二年でコクマルガラスは繁殖可能となる。その前年の秋、はじめて体じゅうの羽毛が風切羽から尾羽まですっかり抜けかわったとき、じつは彼らはもうその状態に達している。この羽がわりがすんだ、美しい秋の日々、彼らは明らかに繁殖の生理的気分、とくに「巣穴気分」にある。前に述べたツィック、ツィックがたえずあたりから聞こえてくる。気候がしだいに寒くなってゆくと、このいわゆる「羽がわり後の偽《にせ》の春」はふたたびしずまるが、繁殖の生理的

気分は潜伏状態でつづいている。だから、暖かい冬の日には、煙突から「ツィックのコンサート」がかすかにひびいてくることがある。二月、三月になると、コンサートは本調子となり、ツィック、ツィックの声はもはや果てるところを知らない。このころにはもうしばしば、一種の儀式もみられるようになる。この儀式はコクマルガラスの全社会生活のうちで、おそらくもっとも興味深いものだ。

三月も終わりに近いころ、ツィック気分は最高潮に達し、あちこちの壁の穴や煙突では、コンサートが予期しなかったほどにぎやかになる。同時にその音色も変わり、低い、はりきった声となって、むしろ「ユップ、ユップ、ユップ」と聞こえる。これがものすごく速いスタッカートで、いつもの「ツィック、ツィック」の何倍もの速さでもってたてつづけにくりかえされ、しまいには狂ったような叫びになる。しかも同時に、その壁穴めがけてそこらじゅうからコクマルガラスが馳《は》せつけてくる。みな興奮にいきりたって羽毛を逆立て、最高度の威嚇姿勢をとりながら、この「ユップ・コンサート」に合流するのである。

これはなにを意味するのだろうか？　いちばん注目に値するのは、一羽のならず者にたいしてみんながのりだしてくることだ！　この生まれつきの、したがってまったく衝動的な社会的反応をさらによく理解するのに、もうすこし深く調べてみる必要がある。

一般に、巣穴の中でツィックと鳴いているコクマルガラスは、そうかんたんには攻撃されないものである。なぜなら、攻撃するほうは彼よりもはるかに不利な立場にあるからだ。ところでコクマルガラスには、その形も意味もまったくちがう二つの威嚇姿勢がある。社会的な順位にだけ関する対決の場合には、ライバル同士は上をむいた姿勢をとり、羽毛はぴったりねかせている。この姿勢は、高く舞い上がって相手を背面から攻撃するぞ、というおどしを意味している。この姿勢から発展して、ほかの多くの鳥にも共通にみられる闘争のしかたが生まれた。すなわち、たがいに相手より高く舞い上がり、相手の背面におそいかかろうとするやりかたである。もう一つの威嚇姿勢は、上に述べたのとちょうど反対だ。鳥はぐっとかがみ、頭と首を低く下げて、猫背のようになる。そして羽毛を思いきり逆立てる。尾は相手のほうへギュッと曲げられ、扇のように広げられる。鳥はこうして、自分をできるかぎり大きくみせる。

第一の威嚇姿勢はこういう意味だ――「もしお前がすぐにも場所を明け渡さないなら、飛び上がって攻撃してやるぞ!」。第二のはこうだ――「おれはたとえ血を流しても、この場所を守る。一歩だって退くものか」。順位の高い鳥が低い順位のものを第一の威嚇姿勢でおど

して追い払ってしまおうとしたときでも、もし相手が第二の威嚇姿勢をとったならば、さっさと退散してしまうのがふつうである。ただ彼がその場所をどうしてもほしいと思っているときには、さらに攻撃をつづけ、彼もまた、第二の威嚇姿勢に移る。そうなると二羽とも長い間じっとむかいあい、たがいに横腹と扇のように開いた尾羽を相手にむけてにらみあったままだ。けれどどちらも実際に手を下すことはない。じっととまったまま、憤怒にもえて相手にむけてくちばしをカッとつきだし、聞こえるくらいの音をたてて、くちばしをガチガチいわせるだけである。このような対決の結末は、ただどちらのほうが長くこれに耐えぬくかによって決まる。

ツィック儀式全体は、第二の、場所を防御する威嚇姿勢と結びついている。コクマルガラスはほかの姿勢では「ツィック、ツィック」と鳴くことができないのである。自分の領土を守るあらゆる動物と同じように、コクマルガラスでも「なわばり」の「所有」の結果、自分の「家では」よそにいるときよりずっとはげしく闘う。したがって、自分の巣穴の中で、ツィックと鳴いているコクマルガラスは、どんな侵入者にたいしても、つねにずっと有利な立場にある。これは一般に、侵入者がどれほど順位が高くともなりたつことである。

利用できそうな巣穴があれば、鳥たちはそれを所有しようとして、けんめいになる。そこでひじょうに強い鳥がひじょうに弱い鳥の巣穴をおそい、はげしく攻めたてることもおこるわけだ。そういうときに、私が「ユップ反応」と名づけた社会的な行動型が、いよいよその機能を発揮することになる。すなわち、攻撃された巣の持ち主の「ツィック」は、急にはげしくなってゆき、しだいに「ユップ」に移行する。たまたまそのときまでに応援にきていなかった彼の妻も、こうなると羽毛を逆だててかけつけてきて、夫の「ユップ」に合流し、侵入者を攻撃する。侵入者がすぐに退散しないときは、信じられぬようなことがおこる。すなわち、その声のとどくあたりにいるすべてのコクマルガラスたちが、とつぜん大声でユップ、ユップとわめきながら、一斉に被害者の巣穴めがけておしよせてくるのである。そしてユップというわめきは、たちまちクレッシェンド、アッチェレランド、フォルティッシモと、はてしなく高まってゆき、もつれあったカラスの集団の中で、はじめの闘いはしずまってしまう。このようなすさまじい興奮の爆発ののち、鳥たちはしだいにさめてゆき、ふたたび静かになる。そしてその持ち主はもはや脅威の去ったわが家の中で、ふたたび静かにツィックと鳴きはじめる。

この闘いをしずめるには、たくさんのコクマルガラスが集まってくるだけで十分なのがふつうである。そもそも最初の攻撃者がいっしょになってユップと鳴くから闘いがおさまるのである。擬人的にみていると、彼はいかにも「どろぼうをつかまえろ」といっしょになって叫ぶことによって、うまくわが身の嫌疑をのがれようとしているようにみえる。ところが実際には、彼はまわりの興奮した「ユップ」にただまきこまれているにすぎない。彼には自分こそがこのさわぎの原因であることがわからない。そこで彼はそこらじゅうにむかってユップ、ユップとわめきだし、いっしょになって「平和を乱すのはだれだ？」とさがしはじめる。このとき彼は、このふるまいをまったく本気でやっているのだ。

かけつけた仲間たちによって巣穴どろぼうが正体をあばかれ、徹底的に攻撃されるのも、私は何度かみたことがある。一九二八年にはコクマルガラスの集団の真のデスポットは、一羽のカササギだった。この非社会性の鳥は、ひとりもののコクマルガラスを一羽一羽実力ではるか遠くに追い払い、夫婦ものの巣穴にしつこく攻めこんで、そのたびごとに彼らの「ユップ反応」を引き起こした。もちろん、カササギはコクマルガラスの「ユップ反応」を理解する「器官」をもっていない。したがって、なんの抑制もなく闘いつづけたが、とうとう一致してかけつけたコクマルガラスたちにさんざんな目にあわされ、巣穴へ侵入することをふっつりとやめてしまった。そして私が真剣におそれていたヒナたちの殺害事件はなしにすんだ。

「ユップ反応」や「ギャアギャア反応」でいちばん大切な役目を果たすのは、なんといってもまず年長の、強い、順位の高いオスたちである。彼らはまた、ぜんぜん別の点でも自分たちの社会のために働いている。

一九二九年の秋、百五十羽から二百羽ちかいコクマルガラスとミヤマガラスの大群が、渡りの途中でわれわれの家のちかくの野原に露営したことがあった。すると私のコクマルガラスの一年子と二年子たちは、みなこの大群にまぎれこんでしまい、どこにいるかもわからなくなった。家にはわずかに数羽の年長の鳥が残っているにすぎなかった。私はこれはとんでもないことがおこったと思った。この二年間の研究はもはや水の泡になったかと思った。しかし私には、若いコクマルガラスたちにとって、渡りの群れがどれほど強い魅惑であるかもわかっていた。たくさんの黒い翼は、いっしょに飛ぼうという興奮を引き起こすものなのだ。そしてもしこのときゲルプグリューンとブラウゲルプがいなかったら、私の二年間の研究は、ほんとうに無に帰していたことであろう。この二羽のオスたちは、彼らの年配では唯一の生き残りだった。彼らは何度も何度も家から野原に飛んでいき、そこでちょっと信じられないようなことをなしとげた。今そのことをここに書きながら、彼らのおどろくべき行動がくりかえし確認できるものなのか、実験的に証明できるものなのか、私は自分でもまだなかば疑うような気持でいる。二羽のオスたちは入り乱れた大群の中から「われわれの」コクマルガラスを一羽一羽さがしだした。コクマルガラスの両親が子どもたちを危険な場所から連れ出すときに使う方法で、彼らを飛び立たせた。そのようなとき親鳥は子ガラスの背後から背中すれすれに飛び、かたくたたんだ尾を子ガラスの真上でさっと横にゆらすのである。この儀式によって、とまっている鳥はかならず反射的に飛び上がろうとする。ゲルプグリューンとブラウゲルプも、このようにやった。そしてわれわれがチョックでみたように、ゆっくりと飛びながら若い鳥をしたがえ、「糸で引くように」家へ連れて帰った。この間じゅうずっと年長のオスたちはたえず独特の呼び声を出

していた。その声はふつうの短く高い飛行の呼びかけとは明らかにちがい、ずっと鈍《にぶ》い不明瞭な音色で、長く引っぱるような声であった。ふつうの呼びかけは高く「キャア」と聞こえるが、この独特の誘い声は「キュウー」あるいは「キョウー」とひびく。私はこの声なら前にも聞いたことがあった。だがその意味は今ようやく理解できたのであった。

　二羽のオスたちは、夢中になって働いた。大きな群れから自分の羊を引き出して帰ってくる訓練された牧羊犬でも、これほど熱心で巧みではないだろう。彼らは、夕方おそく、いつもならとっくにねぐらについているはずの時間まで、休みなく働いた。彼らの任務は楽なものではなかった。というのも、やっと苦労して家へ連れかえった若いカラスはけっしてそのままにじっとしていようとせず、すぐさま野原の渡りの群れのほうへ飛んでいってしまったからだ。オスたちが連れかえった十羽のうち、九羽はふたたび飛び出していく。夜もだいぶふけるころ――渡りちゅうのカラス類は定住地にいるときよりおそく眠りにつく――渡りの群れはまた旅立っていった。たくさんの若鳥たちのうちで失われたのは、結局のところ二羽にすぎなかった。それをたしかめたとき、私はほっと胸をなでおろした。

この印象的なできごとによって、私は「キャア」と「キュウー」の意味のちがいに注目しはじめた。やがて私にはすべてが明らかになった。どちらの呼び声も「いっしょに飛べ」と誘うものである。けれどもコクマルガラスが「キャア」と叫ぶのは、彼らが遠くへ行こうとする生理的気分にあるとき、すなわち巣からよそへ飛ぼうとするときである。これにたいして「キュウー」は家へということを強調する。私は以前からコクマルガラスの渡りの群れが私の鳥たちとはまるでちがって、ずっと高い声で呼びあうことに気づいていた。今、やっとそのわけがわかった。故郷を遠くはなれ、繁殖地とはまったく関係のなくなったコクマルガラスたちには、家へ帰る気分をあらわす「キュウー」が欠けているのである。そこでこのような場合には、渡りの声である「キャア」だけが聞かれる。このような点で、春早く繁殖地に帰ってくる鳥たちの群れが果たして「キュウー」という声を出すかどうかを調べたらおもしろいだろう。冬には旅のカラスたちは短く高い「キャア」という声しかださない。しかし私の鳥の群れは、そのおなじ季節にもコロニーの近くでは帰巣をしめす「キュウー」という声をけっして失ってはいない。

「キャア」と「キュウー」という呼び声はまったくその鳥の生理的気分の表現で、けっして意識して他の仲間に野原へあるいは巣へむかって飛ぼうと誘っているものではない。けれども、自分の生理的気分をしめすにすぎないこのまったく無目的の表現は、おそろしく伝染性をもっている。ちょうど人間であくびがつぎつぎにうつっていくようなものだ。この「相互的な気分伝染」によってこそ、群れ全体がたとえばそろって巣に帰るという統一された行動をとりうるのである。「票決」には、たいへん時間のかかることがあり、その間の動物たちの行動はわれわれの目にはいかにも決断がつかずにいるもののようにみえる。たしかにそのとおりなのである。なぜなら動物には、意識して特定の行為をしようと決心する、すなわちひとつことのためにそのほかの刺激を全部おさえてしまうという能力が欠けているからである。カラスの群れが半時間ものあいだ「キャア気分」と「キュウー気分」の間をさまよっているのをみていると、観察をしている人間はいらいらしてくることがある。巣から何キロかはなれた野原の上にカラスの群れが降りている。彼らはもう食物をさがすことをやめている。したがって鳥たちは、まもなく巣へ飛んで帰るはずだ。だがもちろん、この「まもなく」はコクマルガラスからみての話である。やっと、二、三羽の反応の強い、年長の鳥たちが、「キュウー」という呼び声をだしながら飛び立つ。するとそれにひかれて全群が空へ舞い上がる。けれども空中の鳥たちは、大部分まだ「キャア気分」にとどまっている。いつ果てるとも知れぬ「キュウー」、「キャア」という呼び声をかわしながら、群れはぐるぐる輪を描いて飛び、ついにふたたび地上へ降りてしまう。そのうえ、たいていは前よりもっと遠くへいってしまうのである。こんなことが十何回もくりかえされる。ごくわずかずつ「キュウー」の声が増してゆき、それが八割がたに達したとき、「キュウー気分」はなだれのように広がって、ついに鳥たちは、文字どおり「異口同音に」家路へむかうのである。

数年後、私のコクマルガラスの群れは災難におそわれた。その原因はいまだにわからぬままである。冬の渡りの損失を避けるために、私は鳥たちを十一月から二月までフライング・ケージの中へ閉じこめておいた。じつは私自身はそのころまだウィーンに住んでいたので、この仕事は誠実な人を一人やとって、たのんでおいた。ところがある日、鳥たちは一羽残らず消え失せていた。ケージの金網には穴が一つあいていた。たぶん風で引き裂かれたものだろう。二羽は死体となってみつかったが、他は影も形もなかった。テンかイタチでも侵入したのだろうか？　私にはわからない。

この損失は、私が動物を苦労して育ててきた中では、いちばんつらかったものの一つだった。けれどもそれは、もしこんな事件がなかったらおそらくはけっして見ることができなかったであろうすばらしいことも、私にもたらしてくれた。そのすばらしいできごとのはじまりは、三日後に一羽のコクマルガラスがひょっこりと帰ってきたことであった。それは前女王であり、アルテンベルクではじめて卵を抱き、ヒナを育てたコクマルガラス、ロートゲルプであった。

彼女があまり寂しがったりしないよう、私はまた四羽のコクマルガラスのヒナを育て、それが飛べるようになったとき、ロートゲルプといっしょにフライング・ケージに入れてやった。だが、私は山のように用事をかかえていて、気もせいていたので、ケージの金網にまたもや大きな穴があいているのに気がつかなかった。そこで四羽の若鳥たちは、ロートゲルプと近づきになる前に、四羽そろってケージの外へ出てしまった。彼らはゴチャゴチャかたまって、たがいに空《むな》しくリーダーを求めあいながらしだいに空高く昇ってゆき、とうとうブナの森におおわれた、はるかかなたの山腹に舞い降りた。私には彼らの姿はもうみえなかったし、彼らには私の呼び声を聞いてついてくる習慣もまだなかったので、私はもう彼らを二度とみることはあるまいと思った。だが、もしかすると、ロートゲルプが「キュウー」という呼び声で彼らを家へ連れもどしてくれるかもしれない。年長の鳥たちは「総督」だ。彼らは仲間の一羽が群れから飛び去ろうとすれば、かならずそのめんどうをみるものだ。だがこのときロートゲルプは、四羽の若鳥をまだ群れの仲間とはみなしていなかった。彼らはやっと半日間、ロートゲルプといっしょにいたにすぎないのだから。……失望しきった私に、ふと天才的な思いつきがひらめいた！

私は屋根裏部屋にとって返し、すぐまた這《は》いだしてきた。今は廃位となった老フランツ・ヨーゼフ皇帝の誕生日のたびごとに私の父の家にかかげられた、黒と黄色の巨大な軍旗をかかえこんで。そして屋根によじ登って、てっぺんの避雷針のわきに立つと、このとてつもなく時代錯誤の旗をやけくそになってふりまわしはじめた。それでどうするつもりだったのだ？　私はこれでロートゲルプをびっくりさせ、空高く追い上げようとしたのである。そうすれば、森の中にいる若鳥たちが、空中のロートゲルプの姿をみつけ、呼びはじめるかもしれない。そうすれば、年長のロートゲルプはきっと「キュウー反応」でそれに答え、迷い子たちを家へ連れもどしてくれるかもしれない。

　ロートゲルプはかなり高く舞い上がって、輪をかきだした。だが、もっと高く飛んでくれねばだめだ。私はインディアンのようなわめき声をたてつづけに張り上げ、フランツ・ヨーゼフの軍旗を狂ったようにふりまわした。村道にはもうさっそく人だかりがしはじめたが、私は自分の行為の説明はあとまわしにして、ますます旗をふり、声をふりしぼった。ロートゲルプはさらに二メートルほど舞い上がった。そのとき、山腹にいる若鳥の一羽が、呼び声をたてた。私は旗をふる手を休め、息をはずませて、ロートゲルプが輪をかいている空を見上げた。おお、鳥の頭をもつエジプトの女神たちよ、ロートゲルプは翼の打ちかたを変えたではないか！　彼女は決心したように、ぐいと上

昇し、森のほうへ進路をむけ、そして呼んだ――「キュウー、キュウー」――帰ってこい、帰ってこい！　私は大急ぎで旗を巻き、逃げるように屋根裏部屋へもぐりこんだ。

十分ののち、四羽の子ガラスたちはみな家へ帰ってきた。もちろんロートゲルプに連れられて。彼女も私とおなじくらい疲れていた。けれど彼女は四羽のヒナたちをきちんと監督し、もう二度と勝手に飛び出させるようなことはしなかった。何年かたつうちに、この四羽のコクマルガラスから、人口ゆたかなコロニーができあがった。そのトップに立つのは一羽のメス、すなわちロートゲルプであった。彼女とほかの鳥たちとの年齢差がきわめて大きかったので、彼女は群れのメンバーにたいして、それまでのデスポットたちよりもはるかに大きな権威をもっていた。彼女は群れをまとめていく能力にかけては、いままで私のコロニーにあらわれたどの支配者にもまさっていた。彼女はすべてのヒナたちを忠実に監督した。彼女はどのヒナにとっても母親であった。なぜなら彼女自身は子をもっていなかったからである。

コクマルガラス、ロートゲルプの生涯というロマンは、ここで終わりにするのが感動的だろう。独身の女神、全体の幸福に捧げつくされた心づかい……すばらしい結末ではないか。だがその後に実際におこったのは、語るのも気がひけるほど俗っぽいハピー・エンドであった。

あの大事件の三年後、ある晴れた風の強い早春の日、したがって鳥の渡りにはうってつけの日、コクマルガラスとミヤマガラスの渡りの群れが、あいついで空高く過ぎ去っていった。これらの群れの一つから、突然、翼もなく魚雷のような形をした弾丸が、ヒューッと落下してきた。だがその弾丸はわれわれの家の屋根すれすれで鳥となり、ヒラリと翼を広げて、音もなく風見の鶏《とり》の上に舞い降りた。それは一羽の大きなコクマルガラスのオスであった。その翼は青く輝き、うなじの羽毛は私がまだみたこともないほどすばらしく絹のようで、白色に輝かんばかりだった。

コロニーの女王ロートゲルプ、群れのデスポット、ロートゲルプは、彼をみたとき、一も二もなく降参した。支配欲にもえた女丈夫《おんなじょうふ》から、たちまちにして恥じらいがちな従順な乙女になり、若いコクマルガラスの花嫁のように、かわいげに尾をゆらめかし、翼を魅惑的にふるわせた。オスと出会ってから数時間後、二羽はもう、一つの心となり、一つの魂となり、長く結婚生活をつづけてきた夫婦そ

っくりにふるまっていた。その大きなオスがほかのコクマルガラスとの間に一戦も交えずにすんだのは、きわめて興味深いことであった。それまでのデスポットが彼を新たなデスポットとみとめた以上、コロニーのメンバーたちも彼を「ナンバー1」とみとめるのに異存はなかったらしい。私の知るかぎり、こんなことはイヌぐらい知能の発達した動物にしかみられないことである。

この老コクマルガラスがロートゲルプのかつての夫、ゲルプグリューンであったかどうか、私はそれを科学的に確認する証拠をもっていない。色をつけたセルロイドの足環はとうにこわれて落ちてしまっていた。ロートゲルプ自身だって、もうだいぶ前から足環をなくしてしまっている。だがその老ガラスが、むかしのコロニーのメンバーであることは疑いの余地もない。それは彼がじつに馴れ馴れしく、またなんのためらいもなく屋根裏部屋の中にはいってくることからもわかる。野育ちのコクマルガラスが、われわれのところに住みついても、けっしてこのようにふるまうようになることはないのである。彼がわれわれの最古の四、五羽のコクマルガラスの一羽であることはたしかである。だがこの老英雄は、やはりゲルプグリューンだ。そう私は信じるし、信じたいのである。

二羽はまたたくさんのヒナをかえし、育てあげた。今、アルテンベルクには、巣穴の数よりコクマルガラスの数のほうが多い。どの壁穴にも、どの煙突にも、コクマルガラスが巣をかけている。

第二次大戦勃発《ぼっぱつ》のだいぶ前、私の父は自伝の中でアルテンベルクのコクマルガラスのことを語っている。――「この黒い友だちの群れは、夕暮になるとひときわ元気よく屋根の上を飛びまわり、心に食いいるような呼び声をかわして、たがいになにか語らっている。私にはしばしば彼らのいうことがわかるような気がする。彼らは私にこう語るのだ。「故郷に忠実な、そして永遠にかわらぬ友として、私たちはこの家の上をいつまでも飛びまわりますよ。レンガがきちんと積まれていて、私たちの巣を保護してくれているかぎり」」

永遠にかわらぬ友！　ほんとうに、われわれの心をこんなにもうつのは、一つにはコクマルガラスたちが永遠にかわらぬものであるからだ。秋の日や暖かい冬の日に彼らが春のうたをうたいはじめるとき、あるいは彼らがはげしい嵐を相手にたわむれるとき、彼らは私を、雪の中でモミの木の緑をみつけたときのような、晴れた霜の朝にミソサザイのうたを聞いたときのような気持にしてくれる。それはモミの木が希望と安らぎのシンボルになったのとおなじ気持なのである。

チョックはとうの昔にいなくなった。どんな非運におそわれたのかはわからない。ロートゲルプはすっかり年をとってから、いつもは親切な隣人の空気銃でうち殺された。私は彼女が庭で死んでいるのをみつけた……。けれどアルテンベルクのコクマルガラスのコロニーは生きている。コクマルガラスたちはアルテンベルクを飛びまわっている。彼らはチョックがはじめてみつけた、その同じルートを飛んでいる。彼らが空の高みにいたりたいときは、チョックがはじめて利用した場所の上昇気流にのってゆく。最初のコロニーを支配し、ロートゲルプの手で今日まで伝えられた伝統に、彼らはすべて忠実に従っているのである……。

どんなにか深く私は自分の幸せな運命に感謝することであろう、もし何代ものちの人間たちがやはり歩くであろう道を、私がただ一つでも見出すことができたならば……。たとえいつの日かだれかが「高みにいたる」のを助けられる「上昇気流」を見出すことはできなくとも。

6　ソロモンの指環

旧約聖書の述べるところにしたがえば、ソロモン王はけものや鳥や魚や地を這《は》うものどもと語ったという。そんなことは私にだってできる。ただこの古代の王様のように、ありとあらゆる動物と語るわけにはいかないだけだ。その点では私はとてもソロモンにはかなわない。けれど私は、自分のよく知っている動物となら、魔法の指環などなくても話ができる。この点では、私のほうがソロモンより一枚うわてである。ソロモンは指環なしでは彼にもっとも親しい動物のことばすら理解できなかったのだから。そして彼が指環を失ったとき、動物の世界にたいする彼の心は閉ざされてしまった。彼の九百九十九人のお妃の一人が若い男を愛していると、一羽のナイチンゲールがこっそり彼に告げたとき、彼は怒りのあまり指環を投げ捨ててしまったのだ。少なくともヴィートマンが『聖者とけもの』というおもしろい物語の中で記しているかぎりでは、こんなことだそうである。

ソロモンがひじょうに賢かったか、愚かだったか、私はよく知らない。とにかく私個人としては、動物とつきあうのに魔法の指環を使うのはいさぎよしとしない。魔法なんかの助けをかりなくとも、生きている動物たちはじつに美しいつまり真実の物語を語ってくれる。そして自然界においては、実在する唯一の魔法使いである詩人たちがいかに美しい物語を生みだそうとも、真実はそれらよりはるかに美しいものなのである。

ある動物の「語彙《ごい》」を理解することは、けっしてむずかしいことではない。われわれが動物たちに話しかけることもできる——少なくともそれがわれわれの表現手段にとって可能であり、かつ相手の動物がわれわれと接触する用意があるかぎりは。だがそのとき、私の友人のアルフレート・ザイツがやったようないいまちがいをせぬように注意することも必要だ。それはある初夏の日であった。われわれはハイイロガンの映画の撮影のため、ドナウの草地に出かけていった。われわれは水とヤナギとアシのいりまじった、汚《けが》れを知らぬ清らかな景色の中を、ゆっくりと歩いていった。ゆっくりと、じつにゆっくりと。われわれは、長い行列になってうしろからついてくる十三羽のマガモのヒナと九羽の小さなハイイロガンに、ペースをあわせていたからだ。やっとわれわれ

は、アルフレートが撮影のためにえらんだ、絵のように美しい場所に到着した。彼はただちに仕事にとりかかる。私もこの企画全体の科学的監督という役目についた。当面のところこの役目は、小さい島の草にねころんでひなたぼっこをすることだった。アルフレートは腹まで水につかり、カメラと目とそれからけもののようなしんぼう強さで待機しはじめた。日が照りつけてきた。トンボが飛びかい、カエルがものうげに鳴く。私はうとうととまどろみだした。アルフレートがカモたちになにか叫んでいる声が、はるかかなたからのように聞こえてくる。へんなときにカモが画面に泳ぎこんできてしまうらしい。早くおきてカモたちを追い払ってやらなくては……。だがその決心がつきかねているうちに、突然アルフレートが腹立たしげにどなる声が聞こえてきた——「ランガガ、ラン、じゃない、クヴェーゲッゲッゲ、クヴェーゲッゲッ……」。彼はい、い、い、まちが、え、た、の、だ。ついうっかりと、カモにむかって「ハイイロガン語」でどなってしまったのだ！　わが友アルフレートは完全なハイイロガン語をマガモ語のアクセントで発音した。まさにそのために、途中でもらした「じゃない！」というのが、たまらないほどおかしかった。

とはいえ、真の意味での言語というものを動物たちはもっていない。高等動物、とくにコクマルガラスやハイイロガンのように社会生活をするものは、なにかを表現する運動と音声との完全な信号体系を生まれながらにしてもっている。そして、この信号を発する能力も、それを正しく「理解する」すなわち種《しゅ》を保つよう巧《たく》みに答える能力も、ともに生まれつきのものである。こうしたことは多くの観察と実験でたしかめられたことだが、このことから考えてみると、動物の「相互理解の手段」と人間の言語との間に表面的に存在する類似は、大部分消失してしまう。さらに、しだいにわかることと思うが、動物は音声を発したり表現運動をしたりするときに、それで仲間になにか影響を与えようという意識的な目的などはまったくもっていない。そうなると、動物の言語と人間の言語との類似は、ますます失われてしまう。たった一羽だけ隔離されて育てられたハイイロガンやマガモやコクマルガラスといえども、もし一定の生理状態におちいったら、すべてこれらの信号を発する。ある生理状態になったらそれに応じた一定の信号を発するというこの過程は、まったく強制的、「機械的」なものであって、およそ人間の言語とはちがっている。

もちろん人間の行動にも、ある生理的な気分を本人の意志とは関係なく否応なしに他人に伝えてしまうものまね的《ミメティック》な合図がある。そのいちばんよい例をあげれば、だれかがあくびをすると、きみもついつられてあくびをするというのがこれだ。あくびしたいという生理的気分をあらわすミメティックな合図は、もちろん容易に感知できるかなり強力な刺激で、それが他人のあくびを解発する作用をもつことも、納得のゆかぬものではない。だがある生理的気分を伝えるには、一般にはけっしてこのように大げさで明白な信号が必要なわけではない。むしろこの過程の特徴は、よほど注意をこらしてみていてもしばしば気づかぬほど極端に微妙で些細《ささい》な表現運動によっておこなわれているということである。無意識的な感情と情熱を伝える神秘的な発信・受信の器官は、長い歴史の産物である。それは人類とはくらべものにならないほど古い。人間ではこれらの器官が、明らかにことばによる言語の発達にともなって退化してしまった。人間はそのときどきの気分を他人に伝えるのに、もはや微妙な初発運動などを必要としない。彼はそれをことばでいえばよいのだ。だがコクマルガラスやイヌは、つぎにおたがいがなにをするのかを「目でよみとる」ほかはないのである。だからこそ、社会生活をする高等な動物たちでは、生理的気分を伝達する発信器官も受信器官もともに、人間よりはるかによく発達し、特殊化しているのである。コクマルガラスの「キャア」や「キュウー」、あるいはハイイロガンの多音節または少数音節の気分感情声など、動物の表現音声はすべて人間の言語に比較せらるべきものではない。どうみてもそれは、あくびやしかめ面やほほえみなど、無意識に、生まれながらに「発せられ」、おなじぐあいに「理解される」気分表現に相当するものなのだ。いろいろな動物「語」の「単語」は、いわば間投詞にすぎない。

　たしかに人間も、同様に無数のニュアンスをもった、無意識的なものまねをあやつることができる。しかし、いかなる名優といえども、この意味のものまねだけでは、歩いていこうというのか飛んでいこうとするのかをしめすことはできない。ところがハイイロガンにはそれができる。もう家へ帰ろうというのか、もっと遠くへゆこうというのかをしめすことも、人間にはできない。しかしコクマルガラスにはそんなことは朝飯前である。それほど動物の発信器官は人間のにくらべて精巧にできているのだ。そして精巧なのは発信器官だけではない。生理的気分の伝達を感受する器官もまた精巧だ。動物の感受器官は多数の信号を選択的に区別できるだけでなく、人間が用いるよりもずっとわずかのエネルギーで発せられた信号に、答えることができる。動物がどれほどかすかな合図をも知覚し、正しく理解することか。それは、ほとんど信じられないほどだ。人間にはそのようなかすかな合図は、まったく感知できない。

地上で餌をあさっているコクマルガラスの群れから、一羽が飛び立つ。もしそれが、近くのリンゴの木で羽づくろいをしようとして飛び立ったのなら、群れのほかの連中はみむきもしない。しかしその一羽が少し遠征してやろうとして飛び立ったのなら、群れの中におけるこの一羽の「権威」しだいで、それの配偶者だけか、あるいはもっと多数のカラスたちがあとについて飛び立つ。しかし最初に飛び立った一羽は、一声だって「キャア」という呼びかけを発してはいない。

このような場合、コクマルガラスをきわめてよく知っている人なら、そのごくかすかな合図をカラスなみに正しくとらえることができるかもしれない。だがそうでない人となると、もうだめだ。このような能力の点で、イヌの「通人《つうじん》」はわれわれよりはるかにまさっている。イヌ好きの人ならば、忠実なイヌは主人がなにかイヌには興味のない用事で部屋をでてゆくのか、それともイヌが待ちこがれていた散歩にいよいよでかけようとするのかを、気味の悪いほど確実にみぬくことを知っている。しかし多くのイヌは、この点ではもっとすごい。たとえばいま私の飼っているイヌの曾曾曾曾祖母《ひいひいひいひい》にあたるシェパードのティトーは、どんな人がいつ私をいらだたせるかを、まるで「読心術」によるようにして正確にわかってしまうのであった。ティトーはそういう人の尻に、軽く、しかし断固としてかみつく。それはどうしても止めることができなかった。とくに危険なのは、権威ぶった年配の紳士が私と討論中に、例の「きみはまだ若い、若い」という態度をとったときである。そんなそぶりをみせたとたん、お客はびっくりして尻をおさえる。ティトーがすかさず懲罰をくわえたのだ。私にどうしてもわからないのは、ティトーが机の下にねそべっているときでも、このことがちゃんとおこなわれることだ。ティトーにはその人物の顔や態度がみえるはずがない。だれがだれとしゃべっていて、だれが私の論敵なのか、ティトーはどうしてわかったのだろう？

　そのときどきの主人の気分をこまかく理解するのは、もちろん

「読心術」や「テレパシー」によるものではない。多くの動物は、人間の目にはわからない、おどろくほど小さな動作をも知覚する能力をもっている。とりわけ、主人の役に立とうとして注意を集中し、たえず文字どおり主人の「唇の動きを見守っている」イヌでは、この能力はずばぬけている。しかし、この点では、ウマもかなりのことをやってのける。ここで、いくつかの動物を有名にした曲芸のことを話すことにしよう。多くの読者は例の「賢馬ハンス」のことを覚えているだろう。そのほかにも、平方根の計算までできた「考えるウマ」というのがいくつかいたし、女主人に聖書を読んでやったエアデルテリアの「ワンダフル・ロルフ」というのもいた。

計算したり、読んだり、考えたりするというこれらの動物は、いずれも、モールス信号式に床をたたいたり、吠えたりして「話す」のであった。こういった曲芸をみた人は最初はすっかり度肝をぬかれてしまう。そこへ、ご自分で試してみませんか？　と誘われる。そこできみはこの天才的なウマやテリアやそのほかの動物の前へでてゆくわけだ。きみは二の二倍はいくつかとたずねる。テリアはキッときみをみつめて四回吠える。もっと驚異なのはウマだ。ウマはたずねた人を見る様子もなく、足で床を正しくたたくのである。だがそのとき、ウマはじつは

見ているのだ。じっと視線を「固定」しはしないけれど、いわゆる間接視によってごく微妙な動作をじつに正確にとらえている。つまり答えを教えているのはきみ自身なのだ。きみが無意識にかすかな合図を送って、「考えている」動物に正しい答えを知らせてやっているのである。もし人間がその問題の答えを知らないと、あわれなけものは困惑して、やたらに吠えたりたたいたりしつづける。「もうよろしい」と知らせてくれる合図を、彼はひたすらに待っているのだ。この無意識的な合図を出さずにおさえることのできる人は、よほど自己観察力と自制心の強い少数の人たちだけである。

要するにどうということはない。答えを見出すのは人間であって、みかけだけ考えている動物にその答えを伝えてやっているのだ。このことは、だいぶ前に私の研究仲間の一人が証明した。彼はあるオールドミスが飼っていた、当時たいへん有名なオスのテリアで実験したのだ。方法はずいぶん意地の悪いものだった。透明な紙を何枚か貼りあわせてつくった小さい板の表側に、太い字で一つだけ計算の問題が書きこんである。ところがこれを裏側から透過光でみると、もう一つの問題が透けてみえるという寸法であった。さていよいよそのご婦人がこの板をイヌにしめしたところ、イヌはこのご婦人に

みえるほうの問題にだけ答えて吠え、けっしてイヌ自身が読めるはずの側の問題には答えなかった。最後に私の友人は、発情期のテリアのメスのにおいをしみこませた紙をそのイヌにみせた。イヌは興奮してクンクン嗅ぎ、うれしそうな声を立てて、さかんにしっぽをふった。そのにおいがなんのにおいだか、彼にはちゃんとわかっていた。だがそのご婦人にはわからなかった。ご婦人がイヌに、この紙はなんのにおいがする？　とたずねたとき、イヌは即座にモールス式の吠え声で答えた——「チーズのにおいです」

私はさきほど、主人が他人にたいして抱く親愛の情や反感を、イヌが正確に読みとる能力をもっていると書いた。たしかに特定のごくかすかな表現運動にたいして、多くの動物は度はずれた感受性をもっている。これはまったくおどろくべきものといえる。そこで素朴に擬人化してものを考える人たちは、えてしてこんなふうに信じこむ——動物はそのように内に秘められて口には出されない想いさえみぬくことができるのだから、愛する主人の語ることばならなおさら理解するにちがいないと。だがこう考える人びとは、どんなわずかな表現運動でも理解できるという社会性動物の能力は、まさに彼らがことばを理解できないからこそ、話すことができないからこそ発達したのだ、ということを忘れている。

仲間に特定の行動をさせようという意識的な目的をもって、動物がなにかを語ったというためしはない。動物の「相互理解」の手段となる表現運動や表現音声は、すべてまったくの間投詞として「発信者」から発せられるものである。

イヌがきみに鼻をすりつけ、クンクン鳴き、ドアのところへとんでいってドアをひっかいたり、水道の蛇口へ肢をかけて、たのむようにあたりをみまわすことがある。このようなイヌは、たとえコクマルガラスやハイイロガンがきわめて「わかりやすく」、かつ目的に応じてこまかく分化した表現音声で「語る」ことができるにせよ、やはりそれとは比較にならぬくらい人間のことばに近いことをやっているのだといえる。イヌはきみにドアを開けてくれとか、水道の栓《せん》をひねってくれとたのんでいる。つまりこのイヌは人間にたいして、目的をもって意識的に影響を与えようとしているのだ。ところがコクマルガラスやハイイロガンは、彼らの内部的な生理的気分をまったく無意識的に表現しているにすぎない。「キュウー」も「キャア」も警戒声も、すべてなんらの目的意識なしに「思わず口からもれる」のだ。彼らはこの声に対応する生理的気分になったが最後、どうしてもそれをいわざるをえない。おさえるわけにはいかないのだ。彼らは、たった一羽だけでいるときにも、まったくおなじようにそれをいう。

イヌのすることは学習されたもので洞察をふくんでいるが、鳥がなすこと語ることは、すべて生まれながらの遺伝的なものである。イヌは自分を主人に理解させるのに個体によってみなちがう方法をもっている。さらにおなじ一匹のイヌが、そのときどきの状況に応じて、いろいろとちがう方法を使って目的を達することがある。あるとき私の飼っているメスイヌのシュタジーがなにか悪いものを食べて、そのため夜中に「外へ用足しに」ゆく必要が生じたことがあった。その日私はひどく疲れていたので、ぐっすり眠りこんでいた。シュタジーは私をおこそうとしていつもの合図をくりかえしたが、さっぱりききめはない。そのうち彼女の生理的要求はますますさしせまったものになった。彼女がいつものとおり鼻で私を打ち、クンクン鳴いても、私はますます深く毛布にもぐりこんでしまうばかり。ついに彼女は意を決して、私のベッドにとびあがり、前足で私を毛布から掘りだして、あっさりベッドからほうりだした。

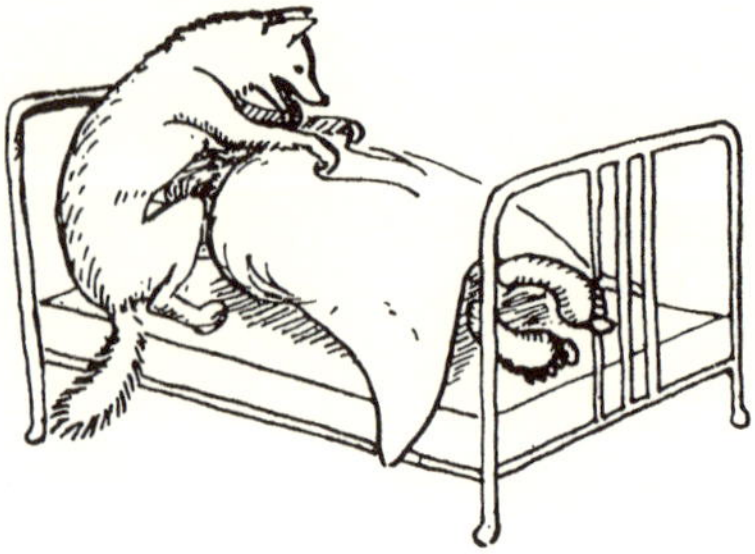

当面の目的に応じてこのように手段を変えるという柔軟性は、鳥類の表現運動や信号声にはまったくみられないものである。

周知のように、インコ類とカラス類は人間のことばをまねて「しゃべる」。しかもそのさい、音声とある特定の体験との思考的結合もときには可能である。このまねはじつは、多くの鳴鳥にみられるいわゆる「鳴きまね」にほかならない。キムネ（黄胸）ムシクイ、セアカモズ、オ

ガワコマドリ、ホシムクドリなどは、鳴きまねの名人だ。これらの鳥たちは、まねて覚えた、つまり生まれつきではない声を、うたうときだけ、しかも、その鳥が本来もっている語彙《ごい》とは関係なく、発するにすぎない。人間の言葉を上手にまねるホシムクドリ、カササギ、コクマルガラスにもこのことはあてはまる。

大型のカラス類やとくに大型のインコ類の「おしゃべり」ではだいぶ様子が変わってくる。この鳥たちが人間のことばをしゃべるのも、彼ら以外の心理的な発達程度の低い鳥のうたにみられる無目的な遊びという性格を帯びているのはたしかだ。しかし、カラスやインコはいろいろな音声をみなきちんと区別して発している。そこには明らかに一定の、ほぼ（ほぼ！）意味をなした思考の結合が存在するのである。

ヨウムやボウシインコの仲間は、朝だけ、しかも日に一回だけ、「おはよう」をいう。たしかに意味どおりだ。友人のオットー・ケーラーは一羽の老いたヨウムを飼っていた。そいつは自分の羽毛をむしる悪癖があって、そのため体じゅうほとんど丸坊主だった。彼は「ガイア（ハゲワシ）」という自分の名をちゃんと知っていた。ガイアはどうみても美しくはなかった。おしゃべりの天才であるのがせめてもの慰めであった。彼はちゃんと意味にあわせて「おはよう」と「こんばんは」をいった。そしてお客が帰ろうとして立ちあがると、人がよさそうな低いしゃがれ声で「じゃあ、またね」というのであった。ふしぎなことにこれをいうのは、客がほんとうに帰ろうとして腰をあげたときだけなのである。例の考えるイヌとおなじように、彼もまた無意識的に与えられたごくかすかな合図によって、客が「ほんとに帰る気」になったことをみぬくのだ。それはいったいどんな合図なのだろう？　われわれにはまるきりわからない。わざと帰るふりをしてそのことばをいわせてみようともしたけれど、一度も成功したことはない。だが人がそしらぬ顔で出ていって、あいさつもせずこっそり帰ってしまおうとすると、とたんにあざけりに近い声がその人の耳にとびこんでくる——「じゃあ、またね！」

ベルリンに住む有名な鳥学者フォン・ルカーヌス陸軍大佐も、ヨウムを一羽飼っていた。このヨウムは記憶力がよいので有名だった。ルカーヌスはこのほかにも鳥をたくさん飼っていたが、その中に鳴き声にちなんで「ヘップヒェン（ホップちゃん）」という名のよく馴れたヤツガシラが一羽いた。ヨウムはよくしゃべったので、まもなくこの「ヘップヒェン」ということばを覚えこんでしまった。しかしヨウムとはちがってヤツガシラは籠《かご》の中では長く生きられなかった。ヤツガシラはまもなく死に、ヨウムはヘップヒェンという名を忘れてしまったらしい。とにかく彼はもはやその名をけっして口にしなくなった。ところがきっかり九年後、ルカーヌス大佐はまた新しいヤツガシラを一羽手に入れた。それを一目みたとたん、ヨウムはくりかえし、くりかえし叫んだ――「ヘップヒェン……」「ヘップヒェン……！」

こういう長命の鳥たちは、一度学習したことをこんなにもしっかり覚えている。しかし学習するのにも一般にたいへん時間がかかる。ホシムクドリやヨウムに新しい単語を覚えさせようとするときは、ものすごい忍耐で武装してかからねばならぬ。うまずたゆまず、その単語をくりかえしくりかえしいってやらなくてはならないのだ。とはいえ例外的な場合には、こういった鳥たちが、ごくたまにしか聞かないことば、ときにはおそらくたった一度しか耳にしなかったことばをさっと覚えてしまうことがある。しかしそんなことは最高度の「例外的状態」においてのみ可能なことだ。私自身もそのたしかな観察例はたった二つしか知らない。

私の兄は長年の間、よく馴れて愛くるしい、おそろしく話すのがうまい、すばらしいボウシインコを飼っていた。名まえはインコのイタリア語をとって、「パパガロ」といった。兄が私たちといっしょにアルテンベルクに住んでいたころは、パパガロはほかの鳥たちと同様に、自由に飛びまわらせてあった。木から木へ自由に飛びまわりながら人間のことばをしゃべってまわるおしゃべりインコは、籠《かご》の中でおなじことをするインコなどより、はるかにこっけいなものだ。パパガロが大きな声で「先生はいったいどこにいるの」と叫びながら、ときにはほんとうに主人をさがしてあたりを飛びまわったりするのは、たまらないほどおかしかった。

もっとこっけいで、まじめな意味でも、注目に値したことは、この鳥のつぎのようなふるまいだった。パパガロはなにものもおそれなかったが、ただ煙突掃除人だけには弱かった。一般に鳥類は、上のほうにあるものをすぐこわがる。おそらくそれは、上方から急降下してくる猛禽《もうきん》にたいする生まれつきの恐怖と関係があるのだろう。だから、空にくっきり浮き立ってみえるものはすべて彼らに「猛禽《もうきん》」だという感じをもたせるのだ。もともとほかの人より黒い服装をしていてそれだけでも親しみのない煙突掃除人が、煙突の上に立って空に黒々と浮きだしている姿をみると、パパガロは大恐慌におそわれて、大声をあげてはるかかなたへ飛び去ってしまう。うまく帰ってこられるかどうかさえ気づかわれるくらいだった。何カ月かのち、またその煙突掃除人がくる日になった。その朝パパガロは屋根の上の風見の鶏《とり》にとまっていて、しつこくおなじところへとまろうとするコクマルガラスたちにむかって、さかんにどなっていた。ところが彼は、急におとなしくなった。こわごわ下を見下ろしながらなにか警戒のそぶりをみせていたかと思うと、いきなりさっと飛び立った。そして、甲高い声で「エントツソージガキマシタヨー、エントツソージガキマシタヨー!」とたてつづけにわめき

ながら逃げていった。一秒とたたぬうちに、中庭の門をあけて、その黒い男がはいってきた。

パパガロがそれまでに何回ぐらい煙突掃除人を見たことがあるのか、そしてうちの料理婦が大声で「煙突掃除がきましたよう！」と知らせる声を何度ぐらい聞いたことがあるか、残念ながらはっきりしない。彼が口にしたのは、明らかにこのおばさんの声の調子だった。しかし二回以上で、多くても三回を越えぬことはたしかである。当時煙突掃除人は、何カ月おきに一回しかこなかったのだから。

「話す」鳥が人間のことば、それも一個の完全な文章を、一回ないし、せいぜい二、三回聞いただけで覚えてしまった例を、私はもう一つ知っている。それは一羽のズキンガラスの場合であった。こいつの名は「ヘンゼル」といった。彼のことばの才能は、おしゃべり上手のインコにも匹敵するほどだった。ヘンゼルはサンクト・アンドレ＝ヴェルデルン近郊に住んでいた鉄道員に育てられた。自由に放し飼いされていた彼は心身ともに健康な鳥に成長した。これは彼の育て親が立派な育雛《いくすう》の腕前をもっていたことを立証するものだった。よくカラスは育てやすいといわれるが、実際はけっしてそうではない。たいていはヴィルヘルム・ブッシュが無慈悲にもいったようなあの「発育不良児」にしかならないからだ。ある日私のところへ、村のわんぱく小僧どもが、すっかり泥まみれになった一羽のズキンガラスをもってきた。翼も尾も羽をぬかれて木の切株みたいにされていたので、私には最初これがあの美しいヘンゼルであることがわからなかった。私はそのカラスを買いとった。村のわんぱく連中がかわいそうな動物の子をもってきたら、私は原則としてかならず買いとることにしていたのだ。いくぶんはあわれみの気持からだったが、そういうふうにしてもってこられた動物の中には、ときにはほんとうに珍しいものもまざっていることがあるからでもあった。さてなにはともあれ、私はヘンゼルの飼い主を呼びよせた。彼の話では、ヘンゼルはこの数日まるきり姿をみせなかったという。彼は、次の羽がわりのときまでヘンゼルをあずかって養ってほしいといった。そこで私はこのカラスをキジの檻《おり》に入れ、まもなくおこるはずの羽がわりには立派な翼羽と尾羽が生えるよう、濃厚飼料を与えてやることにした。こうしてヘンゼルがやむなく囚人生活を送ることになったとき、私は彼がすばらしいおしゃべりの才能をもっていることを発見した。彼は私に思うぞんぶんに聞かせてくれた。まず当然のことながら、人に馴れたズキンガラスが村の通りに面した木にとまって自分で聞いたこと、つまり村のわんぱくどもが彼にむかっていったことばである。彼はそれを生粋《きっすい》の低地オーストリア方言で、とうとうと弁じた。この愛すべき鳥が次の羽がわりでふたたびもとの姿をとりもどしたのを見て、私はすごくうれしかった。彼が完全に飛べるようになると、さっそく彼を放してやった。彼はヴェルデルンのもとの主人のところへまっすぐ帰っていったが、その後も一定の間をおいてわれわれを訪れては、おおいに歓迎された。あるときヘンゼルは、何週間もの間姿をあらわさなかった。ふたたび彼が帰ってきたとき、私は彼が足の指を一本折っていて、それが曲がったままなおってしまっているのに気がついた。この曲がった足指こそ、この人語を話すズキンガラス、ヘンゼルの物語のポイントである。つまりわれわれは、彼がどうしてこんなけがをしたのかを知った。だれから？　ヘ、ヘ、ヘンゼルがしゃべってくれたのだ！　まさかと思う人は思うがよい。長い間、姿を消していたヘンゼルは、ひょっこりわれわれのところへ帰ってきた。そのとき彼は新しい文章を覚えてきた。彼はいたずら坊主のスラングで、こんなふうに口走った――「キツネわなでとったんや」

この報告が事実であることは疑いない。パパガロの場合と同様、ヘンゼルもまた、ほんの数回しか耳にしなかった文章を刷りこまれたにちがいない。明らかにその文章は、彼が捕えられた直後のいちじるしい興奮のさなかに聞いたものであったからだ。しかしふたたび自由になったのち、ヘンゼルは二度とこのことばを口にしなかった。

こうした場合、なんでも擬人化して考える動物好きの人たちは、鳥が自分で話すことを理解していると主張してゆずらない。だがもちろん、この考えはまちがっている。今述べてきたような「しゃべる」鳥たちは、たしかにある発声をきわめて明確な思考結合によってある事件と結びつけることはできる。だが、その能力をなんらかの目的と結びつけることはけっして学習できないのだ。

鳥類の科学的調教で多大の成果をあげた私の友人オットー・ケーラーは、ハトに六までの数を数えさせることに成功したが、さらに前に述べたヨウムのガイアに、空腹になったら「エサ」、のどがかわいたら「ミズ」といわせるように訓練してみた。これは失敗だった。それまでにも成功した人はない。このことはきわめて注目に値する。というのは、本来このヨウムという鳥は、自分のしゃべったものを「連想」でき、自分が求めている目的の達成に役立つなんらかの行動もあっさり学習し、さらに飼い主の人間に特定の行動だけをとらせるような行動をも学習できるはずだからである。

こうした行動のうちでも、きわめてグロテスクでおよそこっけいだったのは、有名な動物生理学者カール・フォン・フリッシュ（一九七三年、ローレンツとともにノーベル賞を受賞）の飼っていたよく馴れた小型のインコ——たしかオナガミドリインコだったと思う——の癖であった。フリッシュ教授は時間を切ってこのインコを部屋に放すことにしていた。つまり、インコが糞《ふん》をしたのをみとどけてから十分間だけ、というわけで、それなら立派な家具が汚される心配がなかったからである。このへんのものごとのつながりを、インコはたちまちにして覚えてしまった。彼は籠《かご》から出してもらいたくてたまらない。そこでフリッシュ教授が籠《かご》に近よるたびに、ウンウンりきんで、これみよがしにチョロリと糞《ふん》をするのであった。ところが当然出してもらえると思ったのに、さっぱりそうならない。彼はわけがわからなくなった。彼は今にも死にそうなほど苦しみだした。こうなったらしかたがない。そばへゆくたびに放してやるほかはなかった。

賢いガイアはこの小さなインコよりはるかに賢かった。にもかかわらず彼はこれに類したことを覚えられなかった。食べたいときには「エサ」ということを覚えなかったのである。ものまねや思考結合さえ可能にするほど完成された鳥の鳴器と脳の複雑な構造は、どうみても種《しゅ》の維持という機能のために発達したものではないようだ。それらが「なんのため」のものなのか、考えても無駄だろう。

なにかほしいときに人間のことばを使う、つまり学習した発声をある目的と結合させた鳥を、私はたった一羽だけ知っている。その鳥にこんなことができたのは、けっして偶然とは思えない。というのはその鳥は、鳥類中もっとも心理的発達程度の高い鳥であるワタリガラスだったからだ。

ワタリガラスはよくひびく金属的な鋭い「ラックラック」あるいは「クラッククラッククラック」という一定の生得的な呼び声をもっている。これはコクマルガラスの「キャア」に相当し、いっしょに飛ぼうという誘いを意味する声である。地上に降りている仲のよい仲間を飛び立たせようとするとき、ワタリガラスはコクマルガラスがそのような場合にするのと似た行動をする。彼は仲間の背後からその頭上をかすめるようにして飛び、ギュッとたたんだ尾羽を振る。それと同時に、まるで小爆発の連続のようにもひびくとくに甲高い声で、「クラッククラック」と叫ぶのである。

私の飼っていたワタリガラスは、ロアと名づけられていた。これはヒナのときにいつも出す気分を表現する声にちなんだものだ。ロアはのちのちまでも私のじつに親しい友人だった。ロアはほかになにか用事がないと遠くまで私の散歩についてきたし、ドナウ河のモーターボートの旅やスキー旅行にさえついてきた。彼はとくに晩年になると、私以外の人間をたいへんこわがるようになった。そのうえ、以前に一度びっくりしたりいやなことを経験したりした場所にたいしても、強い嫌悪をしめすようになった。そうした場所では、けっして空から私のところへ舞い降りてこようとしなかったばかりではない。彼からみればそのように危険な場所に私がとどまっていることすら、見ていられなかったのだ。彼は不注意なヒナたちを飛び立たせて連れ去ろうとするコクマルガラスの親とまったくおなじ行動にでた。空の高みから私めがけて急降下してきて、私の背後から頭上すれすれにかすめて飛び、尾羽を振りながらふたたび舞い上がってゆく。そのとき、肩ごしに私をふりかえって見るのであった。さらにおどろくべきことに、彼はこの遺伝的な生まれつきの行動をするさいに、彼の種《しゅ》の遺伝的な生まれつきの呼びかけではなくて、人間の声で「ロア、ロア、ロア」と叫んだのであった！　ここで注目すべきことは、ロアが自分の種《しゅ》に固有なクラックラックラックという飛び立ちの呼びかけもちゃんと保持していて、ほかのカラスたちにたいしてはその呼びかけを完全にカラスなみに使用していたということである。彼の妻を飛び立たせようとするときは、彼はクラックラックラックと叫ぶ。

だが人間の友にたいしては、彼は人間のことばで叫んだのであった！　この場合、訓練の存在を仮定することはできない。なぜなら、訓練が成立するのは、ロアがまったく偶然に「ロア」といい、それによって私がこれも偶然にロアについていく、ということがおこったときだけだからだ。だがそんなことは、それまでには一度もなかった。したがってこの老カラスは、「ロア」というのは私の呼びかけであるという一種の洞察をもっていたにちがいない！　ソロモンは動物と話のできた唯一の人間ではなかった。だがロアは今までのところ、たとえそれがたった一つのかんたんな呼びかけであったにせよ、意味をつかみ洞察をもって、人間のことばで人間と語った唯一の動物である。

7　ガンの子マルティナ

今日はすばらしい日であった。二十九日もの間、私は二十個の大切なガンの卵を抱いてあたためてきた。とはいっても、私が自分で抱いたのは最後の二日だけ。その前は一羽の大きな白いガチョウと、それから一羽のおなじくらい大きな白いシチメンチョウにまかせておいた。彼らのほうが、卵を抱くのをよっぽど好きだし、またきちんとやってくれたからだ。それでいよいよあと二日というときに、私はシチメンチョウの腹の下から十個の真白い卵をとりだして、孵卵器《ふらんき》に入れた（ガチョウの十個はそのままガチョウにかえさせることにした）。私は、彼らのヒナのかえるところをくわしく見張っていたかったのだ。こうして用意はととのった。

ガンの卵の中では、今なにか大切なことが進行しているにちがいない。卵に耳をあててみると、中でカリカリゴソゴソいう音が聞こえる。そのあいまにほら、ピープとひびく低くやさし

い声がはっきり聞きとれる。一時間もたつと、やっと卵に穴があく。そしてその穴から鳥の最初の姿がチラリとみえる。卵歯をかぶった鼻先が……。頭がさかんに動いて、卵歯が卵の殻に押しあてられる。卵歯はただ殻をひっかくだけではない。ヒナは卵の長軸のまわりをゆっくりと力をこめて回転する。そこで卵歯は卵の殻にそって「輪」を描いて動き、この線にそって一連の裂け目をつくってゆく。ついにその輪が閉じたとき、卵の鈍端全体が首で押しあげられ、ヒナが外の世界へ顔を出すのである。

やっとのことで長い首が外へ出る。まだ重い頭を自由に支える力はない。もとの胚のときの位置のまま、すなわち首ができあがったときの位置、今までそうやってきた位置のまま下むきに曲がっている。いよいよ首がしなやかにずっとのびて、筋肉が丈夫になり、さらに体の平衡《へいこう》を保つ内耳の迷路器官がはたらきだして、ガンのヒナにはじめて上下の区別が可能となり、頭をまっすぐにもちあげることができるようになるまでには、なお数時間はかかる。

こうして殻から這《は》いだしたぬれた生きものは、信じられぬほどみにくく、じつにみじめな姿をしている。とはいえみかけほどぬれているわけでもない。ためしに手でさわってみるがよい。ごくわずか湿っているだけだ。それにもかかわらず、ちょっとみるとみじめな羽毛がぐっしょりぬれて体にぴったりくっついているという印象をうける。綿毛がまだみんな折り重なって、一枚のごくうすい被膜につつみこまれているためなのだ。こういう状態の羽毛は、せいぜい毛ぐらいの太さしかない。けれどこの毛のような羽毛は、タンパクに富んだ卵膜の液体でぴったりくっついて束になっていたおかげで、卵の中では最小限の空間を占めるだけですんでいたのだ。羽毛をつつむ膜がかわくと、膜はちぎれてこまかいかけらになってしまい、中から綿毛が出てくる。正確にいうならば、綿毛そのものはかわかない。綿毛ははじめからぬれてなどいないのだ。膜につつまれ、したがって卵内の液体にはまったく触れることもなく守られてきたからだ。自然孵化《ふか》の場合は、羽毛をつつむ膜は、かえったばかりのヒナが自分の体を兄弟姉妹の体や母親の羽毛に「逆なでに」こすりつけることによってすりむかれる。孵卵器《ふらんき》の中でかえった私の最初のハイイロガンの場合のように、体をこすりつけるものがないと、羽毛をつつむ膜はずいぶんあとまでも破れずにいる。そうしたときには、ちょっとした手品を使える。片方の手にヒナをもち、油をぬった綿をもう片方の手にもって、静かにヒナの羽毛を逆なでにするのだ。するときゃしゃな羽毛膜はちりぢりの粉になって落ちてしまい、ガンの子は魔法にかけられたような変身をとげる——綿でこすられた部分にはあっというまにフカフカしてこまかな、金色をおびた灰緑色の綿毛が立ちあがり、わずかに数秒後、手品師の手の中には、最初の裸でぐっしょりぬれた怪物ではなくて、かわいらしい、フカフカしてかさも二倍にちかいまんまるな綿毛のたまが出現するのである。私の最初のハイイロガンのヒナは、こうして世の中へ生まれ出た。母親の腹にかわって彼らをあたためてくれるはずの孵卵器《ふらんき》の中で、彼女が頭をしゃんと支え、何歩か歩くことができるようになるまで、私は待った。

彼女は頭をすこしかしげ、大きな黒い目で私を見上げて、じっとみつめる。そのとき彼女はかならず片目で見た。たいていの鳥の例にもれず、ハイイロガンも何かをちゃんと見定めようとするときは、かならず片目で見るのである。長い間、じつに長い間、ガンの子は私をみつめていた。私がちょっと動いてなにかしゃべったとたん、この緊張は瞬時にしてくずれ、ちっぽけなガンは私にあいさつをはじめた。つまり彼女は首を下げて私のほうへぐっとのばし、すごく早口にハイイロガン語の気分感情声をもらしたのである。これはニワトリのヒナのかぼそいしかも熱烈なピヨピヨという声に相当するものである。ガンのヒナは正確にあいさつした。おとなのハイイロガンと寸分たがわぬほど正確に、そして彼女が今後の生涯で何千回もくりかえすであろうように正確に、しかもそれまでにもう何千回もそうやってあいさつしてきたかのように正確に、あいさつをしたのであった。たとえハイイロガンの儀式を知りつくしている人でさえ、これが彼女の人生いや雁生最初のあいさつだということはみぬけなかったろう。そして彼女の黒い瞳《ひとみ》でじっとみつめられたとき逃げださなかったばっかりに、不用意にふたことみことなにか口を開いて彼女の最初のあいさつを解発してしまったばっかりに、私がどれほど重い義務をしょいこんでしまったか、さすがの私も気づかなかったのである。

つまり私は、シチメンチョウのメスにかえさせたガンの子の世話をある一羽のガチョウにまかせてしまうつもりでいた。というのは、ガチョウはたった十個しか卵を抱いていなかったからだ。ガチョウはふつう、ゆうに二十羽のヒナを連れて歩ける。私のヒナが「ひとり立ちになった」とき、うまいことにガチョウのほうでも、また三羽ヒナがかえった。さっそく私は、自分のヒナを庭へ連れだした。庭のイヌ小屋には、その白ガチョウが、小屋の正当な持ち主であるヴォルフィ一世を追いだして住みついていたのである。私はガチョウのやわらかくあたたかい腹の下にガンの子をぐいと押しこんで、それですっかり責任を果たしたつもりになっていた。だがじつは、学ぶべきことがたくさん残っていたのだった。

私はなお二、三分の間、ガチョウの巣の前で幸せな瞑想《めいそう》にふけりながら腰をおろしていた。と、たちまちにして、白いガチョウの腹の下から、問いかけるようなかぼそい声が聞こえてきた――ヴィヴィヴィヴィヴィ？　機を失せず、なだめるように、親ガチョウはおなじく気分感情声でしかしガチョウ語の調子で答えた――ガガガガ。聞きわけのよいガチョウのヒナだったら、きっとそれで落ち着いたのだろう。だが私のヒナはだめだった。彼女はぬくぬくした羽毛の間から這《は》いだしてきた。彼女はじぶんの養い親つまり私を、片目でじっと仰ぎみて、大声で泣きだしたのである――ピープ……ピープ……ピープ……「みすてられたちっぽけなガンのなげき」はこう聞こえた。それは巣立ちの早い離巣性の鳥のヒナに多少とも共通したものであった。

あわれなヒナは首をのばし、ひっきりなしに泣きながら、ガチョウと私の中間あたりに立ち止まっていた。私はちょっと体を動かした。とたんに泣き声はやみ、ガンの子は首をのばしたまま、必死になってヴィヴィヴィヴィ……とあいさつしながら、私めがけて走ってきた。それはじつに感動的な一瞬であった。だが私はガンの母親の役をしてやろうとは思っていなかった。だから私はヒナをつかまえ、もう一度白ガチョウの腹の下に押しこみ、立ち去った。ものの十歩といかぬうちに、私は背後にピープ……ピープ……ピープ……と泣く声を耳にした。あわれなヒナが死にものぐるいで私を追って走ってきていた。ヒナはまだ立っていることさえできない。しゃがむことができるだけだ。ゆっくり歩いても不安定でよろよろする。だが今は、のっぴきならぬ必要に迫られているので、必死で突進してくることができるのだ。多くの鶉鶏《ジュンケイ》類では、ヒナの運動能力はこのように注目すべき、しかも目的にかなった順序で成熟してゆく。とくにヤマウズラ類やキジ類のヒナは、ゆっくり歩いたり、立ち止まったりすることができるよりずっと以前に、走ることができる。

あわれなヒナは声もかれんばかりに泣きながら、けつまずいたりころんだりして私のあとを追って走ってくる。だがそのすばやさはおどろくほどであり、その決意たるやみまごうべくもない。彼女は私に、白いガチョウではなくてこの私に、自分の母親であってくれと懇願しているのだ。それは石さえ動かしたであろうほど感動的な光景であった。ため息をつきながら私は、この十字架を肩にになない、家へ連れて帰った。ヒナはその当時たった百グラムの重さしかなかった。けれどもそれがどれほど重い十字架であるか、どれほど高価な努力とどれほど多くの時間とを費やさねば負えぬ十字架であるか、私にはもうはっきりとわかっていた。

私はすべて、自分がこの小さなガンを養子にしたようにふるまった。ガンが私を母親にえらんだようにはふるまわなかった。ヒナには洗礼のお祭りをしてやって、さっそくマルティナという名がつけられた。

そのあとは、ガンの母親がするとおりの世話で一日が暮れた。私たちは野原へゆき、やわらかい青草を食べた。それから、くだいたゆで玉子にイラクサをまぜたものがおいしいごちそうであることを、ヒナに覚えさせた。一方ヒナのほうも、少なくとも今のところは、私が一分でも彼女からはなれ彼女をひとりおきざりにしたら、ただちに彼女はみすてられたように感じる、ということを私に理解させた。つまり私がそんなことをすると彼女はとたんにいいようもない不安におちいり、心もはりさけそうに泣きわめくのだった。私はあれこれと試みたあげくついにあきらめた。そして小さな籠《かご》をつくって、いつもヒナをもち歩けるようにした。私が自由に動けるのは、その子が眠っているときだけであった。

ところがヒナはけっして長い間眠りつづけることはなかった。最初の日の昼間、私はじつはこのことに気がつかず、彼女がぐっすり眠りこんでいるものと思っていた。だから夜になって愕然《がくぜん》とした。ガンの寝床として私は電気であたためたすばらしいゆりかごを用意してやった。このゆりかごは今までにも、巣から逃げだした鳥のヒナたちを母親の胸にかわって何度もあたためてきたのである。夕方かなりおそくなってから、私はちっぽけなマルティナをゆりかごの電気ぶとんの下に押しこんでやった。彼女はすぐ満足してすごく早口にささやいた。これはガンのヒナが眠りこむ生理的気分にあることを表現するもので、「ヴィルルルルル」と聞こえる。私はゆりかごを入れた籠《かご》を部屋のすみにおき私自身もベッドにもぐりこんだ。ちょうど私がうとうとと眠りかけたとき、マルティナが静かにねぼけた声でもう一度「ヴィルルルルルル」といったのが聞こえた。私は気にしなかった。するとつづいて、もう少し大きな声で、問いかけるように、別の気分感情声が聞こえてきたのである――「ヴィヴィヴィ？」子ども時代、私は『ニルスのふしぎな旅』から、はかり知れぬ影響を受けた。このすばらしい本の著者であるセルマ・ラーゲルレーヴ女史は、ガンのこの気分感情声の意味を天才的なひらめきでみごとにいいあてた。彼女はヴィヴィヴィ？　というこの声を、「私はここよ、あなたはどこ？」と訳したのである。ヴィヴィヴィヴィ？――私はここよ、あなたはどこ？　私はしばらく答えずにいた。ふとんの中にもぐりこみ、ひたすらヒナがまた眠りこんでしまうことを祈った。だめだった。ヴィヴィヴィ――声はやまなかった。おまけにほうりだされたときのあの脅迫めいたわめき声さえくわわってきた。「お母さん、どこよ？」――子どもが口をわっと開き、唇をつきだして泣くように、ガンの子も泣いている。ただしガンでこれにあたるのは、首を高くあげ、頭の羽毛を逆立てた姿勢である。そして次の瞬間には、するどく、心を突きさすように、ピープ……ピープ……がはじまった。もうこうなったらしかたがない。私はベッドから出て、やおら箱のところへいった。マルティナはうれしそうに私をむかえ、ヴィヴィヴィヴィヴィとあいさつをやりだした。彼女はもうひとりぼっちで夜と霧の中にいるのじゃない。その安心の気持から、このあいさつはいつ果てるともしれなかった。私は彼女をそっと電気ぶとんの下に押しこんでやった。ヴィルルルル、ヴィルルルル。とたんに彼女は筋書きどおりにまどろみだした。おなじく私も眠りについた。ところが、それからものの一時間とたたぬ十時半ごろ、またもや問いかけるようなヴィヴィヴィヴィヴィがやってきた。私はさっきとおなじことを忠実にくりかえした。そして、十二時十五分前にもう一度。そして午前一時にまた。三時十五分前、ついに私はベッドからはねおきて、ヒナのあつかいに断固たる変更をくわえることにした。私はゆりかごをつかんできて、ベッドの枕もとの手のとどく場所においた。三時半になると予想どおり、またもや問いかけるような「私はここよ、あなたはどこ?」がやってきた。私はブロークンなハイイロガン語でガガと答え、電気ぶとんをかるくたたいた。マルティナはいった――ヴィルルルルル――私もうねるわ、おやすみ。しめた、今後はこれでゆければよい。まもなく私は、目を覚まさないままでガガということを覚えた。もし私がぐっすり眠っているときに、だれかが私に小声でヴィヴィヴィヴィヴィ？　と問いかけたら、私は今でもきっとそう答えるだろうと思う。

けれど、夜が明けだして明るくなってくると、ガガガと答えてふとんをたたくことも、もう効果がなくなってしまった。マルティナは朝の光で、ふとんが私ではないことに気づき、私のそばにきたいといって泣いた。かわいらしい、愛くるしい人間の子が朝の四時半から泣きだしたら、親たちはどうするだろう？　きまっている。子どもを抱いて自分のベッドに寝かせ、この天使がもう十五分でもいいからすやすや眠ってくれるよう、静かに天に祈るだけだ。私もそのとおりのことをした。親たちは安心してもう一度眠りにつき、うとうととまどろむ。そして、自分のかたわらがなんだかぬれて冷たくなってきたのにおどろいて、目を覚ますのだ。こういう都合の悪いことは、私のちっぽけなマルティナの場合には、けっしておこらなかった。すなわち、ガンの子は「母親の下にもぐりこんでいる」心理状態にあるかぎり、絶対に部屋をよごすことはないのである。だがもちろん、ヒナが目を覚まし、むっくりおきだそうとでもしたら、大至急ベッドの外へ出してやらねばならない。

マルティナはたいへん行儀のよい子であったといえる。彼女は一瞬たりともひとりぼっちではいられなかったけれど、これはわがままのうちにはいらない。考えてもみたまえ。このような小さなヒナが母親や兄弟姉妹を失うということは、野外の生活ではまず確実に死を意味するのだ。そのような迷える小羊は、食うことも飲むことも、眠ることをも考えず、疲れ果ててたおれるまで、助けを求めて、泣き叫ぶことにすべてのエネルギーをかたむける。このことは生物学的にみて意味深い。その泣き声のおかげで、彼らはきっと母親をふたたび見出すことができるだろうからだ。

ガンのヒナが何羽かいて、それらがたがいにある結びつきをもっているときは、すこし厳しく訓練しさえすれば、しだいにヒナをひとりぼっちでいることに慣らすことができる。これにたいして、最初から孤独なヒナは、文字どおり死ぬまで泣きつづけるのである。

ひとりぼっちの孤独にたいするこの深く本能的な嫌悪から、当然マルティナは私という人間にしっかり結びついてくることになった。マルティナは私がどこにいってもついてきた。書き物机で仕事をしているとき、私は彼女を私の椅子《いす》の下にすわらせておいた。そうすればマルティナはまったく満足しきっていた。彼女に手を焼くことはなかった。彼女がときどき気分感情声を発して、私がまだそこに生きているかどうかたずねるたびに、はっきりしない声でモガと答えてやりさえすれば、それで十分であった。彼女は昼間は二分ごとに、夜は一時間ごとに、この問いかけを発した。このようなガンの子がしめす愛着に感動しない人がいたなら、私はお目にかかりたい。というよりも、そんな人にはお目にかかってみたくもない。まるで大きなネコヤナギの綿毛が歩くような足どりで、いささかこっけいな独特の威厳をもってあとからついてくるガンたち。こっちが早く歩きすぎれば、にわかに緊張して小さな翼をせいいっぱい広げ、急いで走ってくる。部屋からちょっとでも立ち去ろうとすると、たちまちひびく捨てられた子のわめき声も感動的だ。ただこいつは、人間の赤ん坊のオギャアとおなじく、かなり人の気をいらだたせる。もっと感動的で、しかも気をいらだたせないのは、いつ果てるとも知れぬ熱烈なあいさつ、つまりガンの子のはげしいよろこびの表現だ。けれどもガンのヒナのやさしい愛着のいちばんすばらしい贈りものは、いっしょに野原に散歩にゆき、この野生の、家畜化されていない生きものと、自然のままの環境の中で、しかも強いきずなで結ばれてともにいることができること、そしてそれをじっくり観察できることである。

私はどうやらマルティナをよろこばすために、彼女の母親ガンになりきることができたらしい。それで私は、その後二日間のうちに仮親のシチメンチョウの下でかえったあと九羽の子ガンたちを、はじめの予定どおりガチョウの腹の下に押しこんでやるのをやめにした。十羽のハイイロガンのチビどもは一羽だけでいるヒナほど飼い主にたよりきりにならなかったし、彼らといっしょなら、マルティナをひとりでほうっておいても、あまり危険でなかったからである。

昼の間、とくに恒例の散歩のとき、マルティナはこの九羽の子ガンたちとほとんどいつでもいっしょにいた。だがふしぎなことに、彼女はこの九羽とはまったく兄弟姉妹の結びつきをもたなかった。彼女自身は、はじめいくらかいさかいをしたのちに、彼らから兄弟姉妹だとみなされるようになっていた。しかし彼女のほうから彼らにどうするということはなく、彼らがいなくてもいっこう寂しがる様子もなかった。そしてほかの仲間からさっさとはなれ、私だけにくっついてくるのであった。もちろんほかの九羽だって、マルティナと同様、私を母親ガンとみなしていたけれども、彼らは私という人間に結びついているとともに、おたがい同士ででもいっしょにかたまっていようとするのだった。つまり彼らは、まずみんながいっしょにいて、そのうえで私といっしょにいるときに、はじめて幸福で落ち着いていられるのであった。最初私は、マルティナとそれから彼らのうちの二、三羽を連れて散歩にいこうとした。そのときはガンたちを籠《かご》に入れてかつぎ、ドナウ河に通ずる村道をかなり遠くまで急いでいってこようと思っていた。そのときもくろんでいた観察には、三羽か四羽で十分用が足りたので、ヒナの大部分は家に残しておいたほうが便利だと思ったからだ。だがそれは不可能だった。なぜならこうして兄弟姉妹とひきはなされた少数派たちは、私がちゃんとそばにいるのにちっとも落ち着かず不安げで、何度も何度も捨てられた子のわめきを叫びだし、しょっちゅう立ち止まってばかりいて、ちっとも私についてこようとはしないからだった。兄弟姉妹のいないことにたいするこの反応は、個人的というよりむしろたんに数の問題である。三羽だけを家に残し、大多数のヒナを連れていったときは、多数派はなんのためらいもなく私についてくるし、すまして落ち着いていたのである。だが家に残された連中のほうは、まるで死ぬほど泣きわめいていた。

だから私が散歩にいくときは、マルティナだけか、さもなければ、十羽ぜんぶを連れてゆくかするほかはなかった。その翌々年、私はまた一群のガンのヒナを育てたが、そのときはこれにこりて一計を案じた。つまり最初から四羽だけをわけて、これだけを私の保護下においたのである。

ガンと暮らした最初の夏、私は信じられぬほど多くの時間をこの十羽の子ガンたちとともに費やし、信じられぬほど多くのことを彼らから学んだ。はだかになり野生にかえって、野生のガンたちの群れの社会にとけこみ、ドナウの堤で歩きまわったり泳いだりするのが、私の研究の本質的な部分を占めている。なんと幸福な科学だろう。私はきわめてものぐさな人間だ。だから私には実験家よりも観察家のほうがはるかにむいている。ほんとうに私が生来の傾向に反して仕事をするのは、カントの至上命令のようにきびしい強制があるときにかぎる。野生生活の動物たちを相手とするこのような純観察家的な生活と研究のすばらしい点は、動物たち自体もおどろくほどものぐさだということにある。真の文化をもつひまさえない現代文明人の少々ばかげた忙しさは、動物にはまったく縁がない。勤勉の象徴であるミツバチやアリでさえ、一日の大部分をなにもせずにすごす。ただ人間にはそれがみえないだけだ。この偽善者たちときたら、巣にもどってすわったら、もう何一つ仕事はしない。そして動物たちは、けっしてあくせくしない。ガンを知りたければ、彼らといっしょに生活をしなければならない。そして彼らと生活をともにしたければ、彼らの生活のテンポに適応しなければならない。生まれながらにしてものぐさでない人間には、とうていそんなことはできない。体質的に活発で勤勉な人は、私がやってきたように（もちろん何回か中断はあったけれど）、一夏じゅうガンたちの中でガンになりきって生活せよといわれたら、きっと気が狂ってしまうだろう。少なくとも一日の半分は、ガンたちはじっとすわりこんで腹ごなしをしている。残りの半日のうち、少なく見積もっても四分の三を、彼らは餌あさりに費やす。餌あさりと腹ごなしの間にはさまった時間に、観察すべき活動がみられるのだが、この時間たるやぜんぶあわせても、ガンが目を覚ましている日中の時間のせいぜい八分の一に達するかどうかである。もし一日のこの八分の一の間にすることがそれほど興味あるものでなかったら、ガンなどはおよそ退屈千万な畜生だということになろう。

ガンの群れをつれてドナウの河岸を歩きまわってみたまえ。まったく良心の呵責《かしゃく》なしに、なまけていることができる。なぜなら一日の八分の七を、ひなたにねそべってすごせるからだ。フィルムを入れ、セットして、すぐシャッターのきれるカメラさえぶらさげていればよい。しかも鳥たちの動きにたえず気をくばっている必要もない。訓練した耳さえもっていれば、鳥たちがそろそろおきだすか餌あさりをやめるかして、もっとおもしろいもののほうへ移ろうとするときには、彼らの気分表現の鳴き声ですぐそれとわかるからである。もちろんガンがまだ小さく、しかもその人にしっかりなついている場合には、ただ呼び声だけでガンをむこうへ追いやったり、自分についてこさせたりできる。また、ハイイロガンの表現声を知っていて、かついくぶんでもそれをまねることができるならば、もはやそう無条件には人にくっついてこないおとなのガンの群れにたいしても、ある場所からたちのかせたり、飛び立たせたり、そのほかいろいろなことをさせることができる。けれどもそのような指示を与えるときは、十分に注意深く、かつほどほどにやらなくてはならない。つまりヒナをつれた親ガンがする以上に、そのような指示を与えてはならない。小さなガンのヒナたちは、十分な休息を与えないと、肉体的にも心理的にも、すぐに疲れ果ててしまうのである。私のマルティナもそうだった。彼女の生涯の最初の数日間に、私があまりに多くを要求しすぎたのは明らかであった。そのため彼女の成長は逆もどりし、彼女はやせて、神経質になってしまった。もうすこし大きくなって、ひとりぼっちになることとの恐怖がいくらかうすらいできたヒナは、たんにこのようなことでは混乱をおこさない。彼らはモゾモゾしているが、まもなく餌をあさりはじめる。とはいえ、やはりこの場合にも、声そのほかで指示を与える実験は、ほどほどにとどめねばならない。さもないと、まずなによりも研究しようとしている反応が鈍《にぶ》ってきて、ついには消失してしまうからである。一つ例をあげておこう。場所を変えようということをしめす両親や仲間たちの表現声にたいして、ガンは生まれつきの反応をする。この気分表現の声は人間でもうまくまねることができ、それでガンたちをついてこさせることができる。けれどあまりしばしばこれをやると、すなわちガンの生活でこの気分伝達の過程がなされる正常の頻度以上にこれをやると、反応を疲れさせてしまう。その結果ガンたちは、もはやこの気分表現に注意をはらわなくなる。こうしてこの人はマイナスの訓練、すなわちいわゆる「消去学習」によって、自分が研究しようとしている遺伝的、生得的な反応様式を消滅させてしまうのだ。このあやまちを避けるためには、まさにあの「けもののような鈍重さ」を身につけねばならない。

とくに興味深いのは、ハイイロガンがむこうへ歩いて、泳いで、あるいは飛んでゆこうとする生理的気分をしめす声である。ごく小さなヒナでも、この複雑な語彙《ごい》のこまかなニュアンスに、生まれながらにして反応する。だれでも知っているあの静かで早口にガガガ……という声は、ガンが落ち着いているときや、餌をあさったり、ゆっくり行進しているときには、いつでも聞かれるものである。この声は強い上音をまじえているために、独特なしゃがれ声で、六から十音節（シラブル）に聞こえる。ふだんの気分表現声では、音節の数と高い上音の強さとはたがいに並行し、かつこれら二つが声の強さとは逆の関係になっている。声が多数の音節からなるほど、そのひびきは高く、しかも静かな声になる。さて、この三つの特徴がもっとも強くしめされたとき、それは最高の快適さをしめしている。ガンはさしあたってその場所を去る意志をもたない。したがって、多音節で、高い、そして静かな声は、人間のことばに訳せば、

「ここはいいぞ、ここにいようよ」ということになる。そしてこの気分感情声の副次的な意味は、「私はここにいるよ、きみもまだここにいるかい？」ということだ。場所を変えようという生理的気分がガンの体内でしだいにはっきりしてくるにつれて、気分感情声も変化してくる。すなわち音節の数がへり、高い上音が消え、声が大きくなってくる。六音節の声は、ゆっくりとではあるがたえず前進していくことを意味している。たとえば餌場が貧弱で、草を一本一本つつきながら、たえず一歩、二歩と歩かねばならぬようなときである。五音節になると、もうはっきりした行進の生理的気分だ。まだときたま草を一、二本つつくことはあるけれども、ガンはもう前へ進むことで頭がいっぱいだ。四音節なら移動する強い衝動をしめす。このときガンはもはや緊張して首を長くのばしている。三音節の声は、急速な行進を意味する。首はすっかり伸びきって、まさに飛び立ちの気分があることをしめしている。二音節の低いしかも大声で「ガガ、ガガ」とひびく気分感情声は、次の瞬間にはもう飛び立つことのまぎれもない前兆だ。

ガンに飛び立ちの気分がなく、歩くか泳ぐかして場所の移動をしようとするときは、彼らはそれだけしか意味しない独特な発声を使う。つまり飛び立ちの気分をあおりたてそうな三ないし四音節の声の間に、はっきり区別された、金属的にひびく三音節の声を大声でまじえるのである。その強くひびくまんなかの音節は、それをはさむ両方の音よりも完全に六度ほど高い。

そこでこの声はガギガと聞こえる。まだ飛ぶことのできないヒナを連れた親ガンは、当然想像されるとおり、たえずこの飛ばずにゆく移動の気分になる。ヒナをつれたガチョウでもよくこの声が聞かれるが、事情を知っているものにとってこれはなんだかこっけいにみえる。というのは、あとからチョコチョコついてゆくヒナの群れは、こんな声を使おうと使うまいと飛べるわけがないからだ。だから彼らが移動するにあたって「歩くよ、歩くよ、飛ばないよ」と誓うのは、まったくよけいなことなのである。けれどこれらの気分表現はすべてまったく衝動的かつ遺伝的なものであって、動物はもちろんなんの予見ももっていない。

　前にも述べたとおり、ハイイロガンの子がこれら気分感情の語彙《ごい》を「本能的に」理解する能力も、やはり遺伝的かつ生得的なものである。生まれて一、二日しかたたないヒナでさえも、いま述べたようなすべてのニュアンスに急速に反応する。われわれが彼らの気分感情声をまねるとき、音節をへらし声を鋭くしてゆくと、ヒナたちは餌を食べるのをやめて頭をもたげ、全群が「移動の気分」におちいり、流れるように前進をはじめる。

「ガギガ」にたいするガンのヒナの反応も、この声をほどほどにつかえば、何度でもうまくやってみせることができる。おもしろいことに、ヒナがなにかとてもおいしい餌に気をとられて行進におくれたときなどは、両親のこの発声をとくに「自分にむけられたものと思う」らしい。そのような場合、「ガギガ」はそのヒナにとって鞭のように作用する。彼女は小さな翼をひろげ、両親あるいは人間の代理親を追って最大のテンポですっとんでゆく。この反応は私の小さなマルティナにちょっとしためまいをおこさせることがあった。

彼女のマルティナという名前はコクマルガラスのチョックの場合とちがって、ガンの呼び声や気分感情声にちなむものではなかった。けれどわれわれはマルティナのために、いままでアルテンベルクで鳥たちがつけられたうちで、いちばんすばらしい呼び名を発明したことになった。つまり、マルティナという名前を、ハイイロガン語の「ガギガ」そっくりの音色と音の高さで発音し、マルティナのティにアクセントをかけるのである。そうするとかならずさっき述べた反応が解発され、マルティナは拍車をかけられたウマのように、急いでかけつけてくるのであった。私はまだ生後一週間にもならぬちっぽけなガンのヒナを、この「呼び声」で呼びよせて、狩人やイヌ通《つう》の人を唖然《あぜん》とさせることができた。ただそのときには、ほかの「訓練されていない」ヒナたちが近くにいないかどうか、ちゃんと見定めておかねばならなかった。さもないと、まるで電気のボタンをおしたように、そこらじゅうのヒナがみな一挙にかけつけてきてしまうからであった。

さまざまな気分感情声にたいする意味のある応答と同様に、年長のガンの発する警告声にたいするヒナの反応も、やはり生まれつきのものである。警告声は単音の、たいていはかなり静かな、鼻にかかった「ガン」という声である。いくぶんＲのような声がまざるので、文字であらわすなら「ラン」と書いたほうがよいだろう。このしゃがれてひびく声をもっとも効果的にまねるには、息を吸いこみながら発音するとよい。この声を聞くと、すべてのガンは不安そうに頭を高くあげ、それまでたえず聞こえていた気分表現声はふっつりとだえる。さらに大声でこの声をくりかえすと、おとなのガンたちは飛び立ちの気分になり、あたりがよく見渡せて、飛び立ちやすいような場所をさがそうとする。小さいヒナのほうは、大急ぎで母親か人間の仮親のところへ走ってゆき、ゴチャゴチャとその下へもぐりこむ。

　子どもたちの恐怖の気分は、警告が解かれるまでつづく。したがってガンの親たちは、ヒナたちを静かに警戒態勢のままでいさせるために、くりかえして警告声を発する必要がない。全感覚を緊張させて、注意を危険にだけ集中することができる。危険がすぎさると、静かな気分感情声によって警告が解かれる。するとヒナたちはまずかならず首を伸ばし、あいさつの儀式をしてからあたりへ散らばってゆく。

　春から夏への急速な季節の歩みとともに、愛くるしい綿毛のたまは、銀色の翼をもった美しい灰色の鳥になる。その移りかわりのすばらしさ！　小さなヒナから若鳥へ育つ途中でみられる、調和のとれぬ中間型のあの感動的な姿——大きすぎる足、太すぎる関節、なまいき盛りの年ごろのゴツゴツした身ごなし。じつはハイイロガンではこの年ごろはごく短く、「なまいき盛りの週間」としかいえないのだが……。そしていよいよ翼がしっかりし、最初の飛び立ちのためにぐっと広げられて、成熟した鳥のもつ新しい調和が完成した一瞬は、どんなにすばらしいことであろう。

8　なにを飼ったらいいか！

ペットに適した動物はなにか。世話のしがいのある動物はなにか。知っている人はごく少ない。いつになっても、自然愛好者たちは、動物を家族の一員として飼ってみようとし、いつになってもこの企てに失敗している。方法が不適当であったり、動物のえらびかたがまちがっていたりするからだ。そのうえ、ほとんどの動物商は、お客がなにを求めているのか正しく判断できず、その客に適した動物をすすめてやることができない。

なにを求めて動物を飼うのか――この問いにたいしては、なによりもまず自分自身ではっきりしておかねばならない。動物を飼いたいという願望は、人間の心に太古からひそむ気持である。キプリングをして『ジャングル・ブック』を書かしめたのもやはりおなじ動機であった。それは文化をもつようになった人間が、自然という失われた楽園にたいしていだくあこがれな

のだ。動物はすべて自然の一部である。だがかならずしもすべての動物が、自然の代表者とし

て家の中に住むのにふさわしいわけではない。きみが買ってはならない動物は、二つの大きなグループにわけられる。一つはきみといっしょではやってゆけない動物たち、もう一つは、その動物といっしょではきみがやってゆけない動物たちである。第一のグループには、神経質な動物で、世話して健康を保つのがむずかしいものが全部ふくまれる。第二のグループにはいるものは、私が現に「動物たちへの忿懣《ふんまん》」の章で例にあげたような動物たちである。われわれが愛玩動物店で買える動物の大部分は、この二つのグループのどちらかに属している。それ以外のものは、あまり神経質でもなく飼い主の神経をそれほどいらつかせもしないけれど、大部分あまりおもしろみもない退屈な動物なので、金を払って買って、苦労して育てあげる値打ちがない。とくにキンギョやカメ、カナリヤ、テンジクネズミ（モルモット）、籠《かご》に閉じこめられたインコ、アンゴラネコ、チンなどのようなありふれた室内動物やペットどもは、およそつまらないやつだ。こんな連中については、私はここで書く気にもならない。どんな動物を買うべきかは、いくつかの異なった要素によってきまる。まず第一に、動物になにを望み、なにを期待しているか、それから、育てるのに毎日どれくらいの骨折りをしてもよいと思っているか、こちらの神経がどれくらい物音に敏感であるか、毎日いつごろ、何時間ぐらい家を留守にするか、などなどである。

まず、きみはなにを望むのか？　この世がアスファルトやコンクリートや電線だけでなりたっているのではないことをやさしく知らせ、思い出させてくれる自然の一かけらを、自分の家庭にもちこもうと望むのか？　それともきみの視野の中の数十センチ四方の空間を、人工の息のかからぬもので満たそうと願うのか？

　きみの目が伸びてゆく緑の生きものの美しさにひたすらあこがれているのなら、アクアリウムを買いたまえ。家の中をたのしく生き生きとさせたいのなら、小鳥をひとつがい買うのがよい。幸せに結婚したウソの夫婦のいる大きな籠《かご》が、どれほどたのしい空気をかもしだしてくれることか、まあためしてみるとよい。オスのウソの静かにおしゃべりするような、しかも甘いうた声は、おどろくほど気分をしずめてくれる。彼にふさわしく荘重な、かなり丁重な求愛のしぐさ、そして妻へのやさしい不断の思いやりは、鳥籠《とりかご》の中でみられるいちばんかわいらしいものの一つである。世話といったら日に数分間でよい。まき餌《え》はほんの小銭で手にはいるし、献立の唯一の色どりである青菜だってすぐに買える。

　しかし、もしきみが孤独な人間で、住まいの中にだれかがいて帰りを待っていてほしく、そのものと心のかよう接触をしたいと望むのなら、イヌを買いたまえ。都会の住宅の中でイヌを飼うのは残酷だなどと考えることはない。イヌが幸福であるかどうかは、なによりもまず、きみがどれだけの時間イヌといっしょにすごせるか、どのくらいしばしばイヌがきみの散歩のお伴《とも》をして歩きまわれるかにかかっている。書斎の前で数時間きみを待つことも、そのあとで十分ほどきみといっしょに散歩にゆけるのなら、イヌにとってはなんでもない。心のかよう友情がイヌにとってはすべてである。しかしそれは少なからぬ義務を伴うものであることを忘れてはならない。なぜなら忠実なイヌとの友情は、ひとたびなりたったらもはや断ちがたいものだからである。彼を手ばなすことは殺人にもひとしい。それからもう一つ、もしきみがとくに繊細な神経の持ち主だとしたら、きみの友人の寿命がきみのよりずっと短いこと、十年から十四年後にはかならず悲しい別れがやってくるのだということも忘れてはならない。

このような悲しみを気にするなら、それほど心理的に発達していず、人間にもそれほど似ていない、したがってずっと気楽でしかも「なにか心にかようもの」のある、まったく別の動物を考えてみることもできる。たとえばいちばん飼いやすいのは、われわれの土地にすむホシムクドリだ。きわめて賢い友人の一人は、いつも「ホシムクドリは庶民のイヌだ」といっていた。まったく彼のいうとおりだ。ホシムクドリとイヌには、注目すべき共通点が

一つある。それはどちらも「レディ・メイドでは買えない」ということだ。

大きくなったイヌを買ってきて、それがほんとにきみのイヌになることはごくまれにしかない。それはちょうどきみが金持の紳士かご婦人であったとして、お金を払ってやとった人、たとえば女中、看護婦、女家庭教師、住込家庭教師たちにきみの子どもの養育をまかせきりにしておいたら、まずその子はほんとうにきみの子にはならないのとおなじである。親密な心のかよう接触がなくてはだめなのだ。だから、ほんとうに愛情のこもった鳥がほしかったら、きみ自身で、かえったばかりのヒナから育てあげ、手塩にかけてやらねばならない。しかしこのどうしても必要な苦労は、ほんのちょっとの間だけのことだ。ホシムクドリがかえってからひとり立ちするまでに育つには、二十四日ぐらいしかかからない。孵化《ふか》後約十四日目に巣からヒナをとりだせば(ちょうどよい時期にヒナをとりだすことが肝要だから、その道にくわしい人にたのんだほうがよい)、十分まにあう。そうすれば、ムクドリ飼育はぜんぶでほぼ二週間にしかならないわけだ。彼らはそれほど手がかからない。ピンセットで日に五、六回、貪欲そうに大きくあけているヒナの黄色いくちばしの中へ餌をつめこんでやる。それからそのおなじ道具を使って、ヒナの体のもう一方の端から、きれいに薄い膜でつつまれ、においもしない糞《ふん》をつまみとってやればよい。こうしてやれば、人工の巣はいつも清潔で、新しい「オムツ」などは必要でない。巣は乾草で作ってやる。いちばんよいのは自然の巣穴に似せて、なかば閉じた、前だけあいたものであるが、前方の入口は人間の手が十分はいる大きさにしておかなくてはならない。このような半開きの巣の中では、ホシムクドリのヒナは明るいほうにむかってだけ糞《ふん》をする。それでたとえきみがつききりにしなくても、糞《ふん》が巣の中へ落ちこむ心配はない。餌は生の肉や、心臓や、ミルクにひたしたパン、小さく切った卵で十分用が足りる。これに少量の土を加えるとぐあいがよい。もし手にはいるなら、ミミズや新鮮なアリの卵のほうがより自然で、よりよい餌である。しかしこういう貴重な餌が必要なのは、ヒナの間だけである。自分で餌が食べられるようになったら、人間の食べられるものなら、なにを食わせてもよい。成熟したホシムクドリの主食としては、水でしめらせた小麦のふすまに、くだいたアサかケシの種子をまぜてやる。この餌をやっていると糞《ふん》は乾いてほとんど臭気がない。鳥籠《とりかご》の底に泥炭のかたまりを敷いておけば、ずいぶん小さな部屋の中でも鳥のにおいを消すことができる。

　ホシムクドリでもかなり広い場所をとるし「手におえない」から、もっと小さい鳥で場所も時間も手間もそれほどいらず、しかも「心のかよう接触」を望む気持も満足させてくれるものを、というのなら、私はマヒワをおすすめする。私の知っている小鳥のうちで、これはたとえ親鳥になってから飼いはじめてもよく馴れるだけでなく、ほんと

うに個人に愛着を生ずるようになる唯一の鳥である。もちろんほかの小鳥たちも飼い主をおそれないとか、飼い主の頭や肩にとまるとか、手から餌をついばむとかいう意味では、完全に「馴れる」。ロビンならごく短い期間でここまで馴らすことができる。だが、もし人間が動物の心の奥底まで読みとるすべを知ったなら、きみは自分がこの動物をかわいがっているのだから動物だってぼくを愛していると思うのは大まちがいで、ロビンの幻想的な黒い瞳《ひとみ》がじつはおよそ心のこもらない質問をくりかえしているだけなのだ、ということを悟るだろう。ロビンはいつもこうたずねるだけなのだ――「いつになったら、餌の虫をくれるんです？」。これにたいしてマヒワは穀食鳥なので、一日じゅう餌をついばんでおり、ほんとに空腹になることはない。したがって、餌をとることにたいする関心は、食虫性の鳥よりもはるかに小さいのだ。ロビンにとっては飼い主の手の中にあるミールワームが、じつに強烈な魅力である。しかしマヒワにとって、アサの実はそれほどたいした魅惑ではない。だからこそ、捕えたり買ってきたばかりのロビンは、マヒワよりもずっと早く手から餌をとって食べるようになるのだし、またごく短い期間のうちに、自分から飼い主に近づいてくるように訓練できるのである。これにたいし、マヒワは数カ月後にやっとそうなるのだが、ひとたび馴れたときは、けっして餌ほしさからではなく、きみの友人としてきみに近づくのである。そのような「友情による馴れ」は、ロビンのおよそ「唯物的な」餌ほしさからの馴れよりも、はるかに人間の感情をひきつける。マヒワは社会生活をする動物であるために、飼い主に個人的に接触する能力があるのだが、ロビンは非社会性の動物であるためにその器官が欠けているにすぎないのだ。社会的な衝動を人間に移すことができ、小さいヒナのときから飼われたら人間と緊密な社会的接触をもてる社会性の鳥は、もちろんほかにもたくさんいる。ホシムクドリ、ウソ、マヒワはすばらしい愛着をしめす。大型のカラス類、オウム、ガン、ツルはこの点でイヌにも匹敵する。しかしどの鳥でも、よく馴れた親しい家族の一員にしたてようとするのなら、ごく若いヒナのうちに巣からとりあげなければならない。なぜマヒワだけが例外で、成長してからつかまえてきても人と社会的に接触できるのか、われわれにはまだわからない。

世話して報いられる多くのペットとして、私はアクアリウム、ウソ、ホシムクドリ、マヒワの名を第一にあげた。それはこれらが世話をするのにあまり手間をかけずにすむからである。もしもっと時間をつぶしてもいいのなら、これとおなじくらい報われる動物がいくらでもいる。それにしても私はきみに忠告しておきたい。最初に飼う動物は、檻《おり》の中で健康を保たせるのにあまり世話のかからない、飼いやすいものにかぎれということを。

「飼いやすい」という性質は、「飼える」とか、「抵抗力がある」とかいう概念とはまったくきりはなして考えるべきものである。われわれが科学的な意味で生物を「飼う」といったならば、それは、狭いあるいは広い檻《おり》の中で、その動物の全生活環をわれわれの目の前で展開させる試みをさすのである。けれどもじつに困ったことに、たんに抵抗力が強くて死ににくい動物、もっとはっきりいうならば、死ぬまでに長い時間かかるにすぎない動物を「飼える」というのがふつうである。実際には死ににくいだけで、けっして手数のかからぬものでもなんでもない「飼える」動物の典型的な例は、ギリシャリクガメである。無知な飼い主がしつらえた不十分な条件のもとでも、このあわれな動物は三年、五年、あるいはもっと長い間生きている。そしてもはや回復のしようもないほどにまいって死ぬ。だが正確にいえば、彼女は「飼われだした」その日から死にはじめるのである。リクガメが成長し、肥え、愛し、繁殖できるように飼うためには、たいていの都会地ではほとんど実現できないような生活条件をととのえてやらなければならない。オーストリアの気候のもとでこの動物の養殖にほんとうに成功した人は、私の知るかぎりではまだ一人もない。

　植物愛好家の部屋を訪れて、植物たちが青々と育っているのをみると、私は心の友を見出したように思う。私は自分の部屋の中に、枯れている植物を置いておくことにがまんできない。その枯れてゆきかたがどんなにゆっくりしていてもだ。ひかえめな様子のハラン（葉蘭）、頑丈に成長しているゴムの木、元気なスパルマンニアなどは、その申し分のない健康さで心を温かくする。けれどももはやほんとうの成長はなく、衰えにむかっている美しいツツジやシクラメンの株は、私の部屋に、消え失せてゆくものの気配をただよわせる。また、首を切られて否応なく死を宣告されている切り花とも、とうてい親しくはなれない。しかしじわじわとやせ細ってゆくのより、このほうがまだましではある。

この私の考えかたは、植物については少し神経質だと思われるかもしれないが、動物の場合にはほとんどの人が私に賛成してくれると思う。一匹の動物が死ぬことは、自然を理解するなどふだんならおそらく考えない人たちにさえ、同情の心をよびさます。したがって、もし動物を飼うのなら、与えられる環境のもとでゆっくり死んでいくのではなくて、ほんとうに生きていける動物たちだけにかぎるべきなのだ。多くの人びとが動物を飼ってみて感じる失望は、だいたいにおいて最初の動物のえらびかたが悪かったことによる。鳥籠《とりかご》の床にころがったゴシキ

ヒワの死骸は、しおれた花よりはるかに強烈な印象を与える。そこで良心の呵責《かしゃく》に悩む飼い主は、もう二度と鳥は飼うまいと誓うのである。もし彼がゴシキヒワでなくマヒワを買っていたとしたら、きっと十五年もの間それを飼いつづけていられたろう。ついでながら、動物商と無知な愛鳥家とによってゴシキヒワほどたくさん飼い殺された鳥はほかにはなさそうだ。鳥のことをよく知っている人が、秋、鳥屋の籠《かご》に新しく入れられたばかりで人に馴れていないゴシキヒワをよくみれば、明らかにその大部分はすでに死にかけていることに気づくはずだ。と

くに、現在入手しやすい安っぽい餌ではなおさらである。ゴシキヒワは油をふくんだ小粒の実をたくさん食べなければいけないのだ。アザミとケシの実が必要なだけ手にはいるあてがなかったら、私はゴシキヒワを飼おうとは思わないだろう。これにかわるただ一つの代用食はおしつぶしたアサの実である。おしつぶしてなければいけない。ゴシキヒワはくちばしが弱いため、丸のままのアサの実をかみくだくことができないからだ。このことをたいていの動物商は知らないし、知っていてもお客にはいいたがらない。そんなめんどうくさい鳥だということをいって、客が二の足をふんだら困るからだ。しかし自分でも鳥好きであるちゃんとした動物商は飼いにくい動物を客の手に渡す前に、かならずその客をよくよくたしかめてみることを忘れない。

もう一つ、一見安っぽくみえるが重要な忠告をしておこう。それは病気の動物に手をふれるなということだ。健康な鳥だけをつかまえるか買うかしたまえ。鳥は巣からとるか、よく鳥のことをわかっている人からもらうようにしたまえ。巣から落ちたヒナや母親からはぐれたノロジカの子、みなし児《ご》の子リスなどが、きみのところへ偶然にもちこまれるのを待っていてはいけない。ふとした機会に人の手にはいったこのような動物たちは、ほとんどつねに死の原因をひそめている。そうでなくとも彼らはあまりに弱っているので、獣医の経験のあるベテランにしか救えない。一般的にいえば、ペットを買うときは多少の面倒を覚悟してお金を使うこと。その利息は百倍にもなって帰ってくる。いったんきめたことはやたらに変えないこと。「ウタツグミになさってはいかがです？　ホシムクドリとおなじくらいかわいいし、よく馴れますよ」なんていう売り手のことばに耳をかすことはない。そして、鳥でも哺乳類でもよいから、なによりも群集性の種類でほんとうによく馴れた動物、つまり明らかに小さいときから育てられたか、あるいはずっと長い間飼い馴らされてきた動物を提供されたならば、たとえそれが捕えてまもないおどおどしたやつの四、五倍高価でも、さっと買ってしまうことだ。

多忙な都会の労働者たちは、いつも時間表のことを考えに入れていなくてはならない。自分自身の時間表と動物のとだ。もし夜明けに家を出て仕事にゆき、日が暮れてからしか帰らず、おまけに週末は家をあけて郊外ですごそうというのなら、鳴鳥ではほとんどたのしみが得られない。家を出る前に十分世話をしておいたから、今ごろはきっとすばらしくよい声で鳴いているだろうなんて思ってみても、たいした満足感が得られるはずもない。けれども、もしきみが自分のこういう生活を十分考えにいれて、おどけたチビミミズクの夫婦や、よく馴れた小さなフクロウ、かわいらしい小型の哺乳類のように、ちょうどきみが仕事から帰るころに起きだして、彼らの日課にとりかかる小型の夜行性の動物を飼っていれば、たいへん幸せなよろこびを感ずることができる。残念ながら小型哺乳類は、動物愛好家たちからさっぱり注目されていな

い。おそらく一般に手に入れるのがかなりむずかしいからだろう。動物商でまずまちがいなしに買えるものといえば、家畜化されたハツカネズミのほかには、おなじくらい家畜化された、したがっておよそ退屈なテンジクネズミだけしかない。やっとごく最近になって、新しい齧歯《げっし》類が大量に養殖され、動物商でも売りにだされた。疲れて頭を使う仕事にはむかない宵《よい》のひとときをたのしむためだったら、私はぜひこの動物——ゴールデンハムスター——をすすめたい。私がこれを書いている今も、たまらないほどかわいらしい生後三週間のハムスターの六つ子たちが、私の書き物机のわきの籠《かご》で、こっけいな格闘をやっている。ハツカネズミくらいの大きさの太ったわんぱくどもは、ころがりあったり、大声でキーキー鳴きながらはげしくかみつくふりをしたり、荒々しくとびはねながら相手を箱の中じゅう追いまわし、何度もころがってはまたむっくりおきあがったりしている。まるでイヌやネコにも似てこれほど「知能的」に遊びまわる齧歯《げっし》類は、ゴールデンハムスターをおいてほかにはない。こいつのように底ぬけに陽気で、おまけにそれをこっけいに愛嬌《あいきょう》たっぷりに表現できるものを部屋の中に飼っておけるとは、じつに心たのしいことではないか。

私は神が都会に住むあわれな動物好きな者どものためにゴールデンハムスターをつくってくれたのだとさえ思う。少なくとも、ゴールデンハムスターは室内ペットとして好ましいものの資格をすべてそなえ、不都合な点はまるっきりもちあわせていないという点で、けだし逸品《いっぴん》の部にはいる。ゴールデンハムスターは、けっして、といって悪ければモルモットやウサギほどにも、かみつかない。もっともうんと小さな子をかかえた母親は多少用心してあつかわねばならない。それも巣のすぐそばにかぎった話だ。巣から一メートルもはなれているときならさわってもなんともない。リスはやたらにあちこちよじ登り、かじれるものにはかたっぱしからかみあとをつけて歩く。もしこれさえなかったら、リスは室内動物としてすごくかわいらしいものなのだが。ゴールデンハムスターは家具によじ登ったりはしないし、かじったりもしないので、自由に部屋の中をかけまわらしておくことができる。それでも彼は何一つ傷つけない。

おまけにゴールデンハムスターは、外見だけみてもすごく愛くるしいちびすけだ。まるっこい頭はずんぐりしていて、利口そうにあたりをじっとみつめる大きな目、そのおかげでハムスターはじっさいよりも賢そうにみえる。金色と黒色とで色どられたすばらしく趣味のよい、しかもはなやかな毛皮、そしてなによりもその動作のこっけいでかわいいこと。小さな短い脚でチョコチョコあわてふためいてかけてきたり、急になにを思うのか、いかにも危険の正体をみきわめようとするように耳をピンと立て、目をますます大きくして、小さな柱のようにまっすぐ立ち上がったりしたときなど、ほんとにたのしい笑いを誘わずにはおかない。

書き物机の近く、部屋のまんなかのテーブルの上には、簡単な小さなテラリウムが置いてある。これが私のゴールデンハムスターのみなもとだ。六週間ごとに、こよみのように正確に、そこから一腹ずつゴールデンハムスターの子が生まれてくる。もうすぐ部屋じゅういっぱいになる。このテラリウムには、いちばん新しい子といっしょに、もと親が住んでいる。珍奇な動物や飼いにくい動物しか飼わないこりすぎた動物愛好家は、私が五歳の幼児にでも世話できる安っぽい動物に、こんなに感動しているのをあざ笑うかもしれない。しかし私にしてみれば、動物が安いとか高いとか、飼いやすいとか飼いにくいとかは問題ではない。多くの愛鳥家や熱帯魚好きの人たちは、いちばんむずかしい種類を飼ってやろうという功名心をもっている。そんな名誉心は私には無縁である。もっと大切なのは、その動物でどんなことがみられるかということではないか。そしてこの点では、このいちばんひかえめなゴールデンハムスターは、一般に賞賛されている多くの室内動物にまさっている。その結果私の目は、ハムスターの籠《かご》からすこしはなれた、私の飼っているもののうちでいちばん高価でいちばん珍しく、私の部屋をひきたたせているヒゲガラのつがいが卵を三つ抱いているフライング・ケージよりも、ゴールデンハムスター

のいる小さなテラリウムのほうへ、いろいろな思いをこめてもっとしばしば向けられることになる。

もちろん、私は前にあげたような飼いにくくて神経質な動物をちゃんと飼って、その全生活環を私の寝室の中で完結させることができる。だから、屋内でヒゲガラをふやしたり、あるいはおなじようにむずかしい飼育をやりとげた人だけしか、とるに足らないゴールデンハムスターや、それへの私の大きなよろこびをあざ笑うことはできない。だが、そのような人たちはすでに万事をのみこんでいるだろうから、もはや私を嘲笑《ちょうしょう》しようとは思うまい。

もちろんこれまでの動物飼育のベテランは、飼育の困難さに打ち勝つ生一本《きいっぽん》の愛のために、特別にやりにくい種類を使って自分の腕をためそうという気になりがちだったかもしれない。実際に腕のある人たちには、このような荒っぽいいたずらはおおいにやってみる価値がある。しかし初心者にはこういってやるほかはない——そういう企ては動物残酷物語にしかなりませんよと。きわめて神経質な動物を飼ってみようというこの試みは、道徳的な正当化を受けられない。そのような正当化は科学的な研究で同様な実験をするときにだけ認められるものなのだ。

たんなる慰めのためなされたとき、それは道徳的に疑わしいものとなる。経験豊かな動物飼育者でさえ、手のかかる動物を飼育するときは、その動物の精神的肉体的健康に必要なものを何一つ欠かさないように、最大の配慮をしなくてはならない。そのとき彼は、成文化された法

律によってばかりではなく、さらにきびしい不文律によってそうした配慮を要求されているのだということを考えねばならない。新しい動物の魅力と美しさのとりこになったとき、人はよくこの重大な責任のことをほとんど忘れてしまっている。情熱が消えさっても、責任はそのまま残る。そして人はそれと気づく前に、もうそう簡単におろすことはできない重荷を負わされているのだ。私はヴェランダの一隅にある大理石でつくった小さなプールに、一年以上もの間、二羽のカイツブリを飼っていたことがある。カイツブリは小さな水鳥で、たいそう興味のある行動をするために、見ているのはとてもたのしかった。この極度に特殊化した水鳥は、乾いた土の上ではちゃんと立つことができず、一歩一歩不器用に歩けるだけである。ふつう彼らは水の上に浮かんでいる巣によじ登る以外には、ほとんど陸地に上がらない。したがって部屋の中で飼うのにはじつに都合がよかった。一度馴れてしまうと、垣根などないのに彼らは自分たちの自由意志で池の水面にいつき、しかもそこで自由にふるまっていた。実際、見る人をうっとりさせるような室内装飾だった。ただ室内鳥類中もっともすばらしいこの鳥にも、どうにも困った性質があった。彼らは生きた魚だけしか食べず、しかもその魚は四～五センチより大きくてはならず、

二センチより小さくてもいけないのである。この魚がなかったら、彼らが主食以外に食べるミールワームや野菜では、半日の空腹もいやすことはできない。私はこの二羽のために、大きないけすを地下室にわざわざつくってやった。また当時は財政上の問題もなかったのに、あいつぐ餌の心配で私は神経をすりへらした。その年の冬には、私は一度ならず困りきって魚屋から魚屋へとはしりまわった。魚がすっかりきれた日々は、私のカイツブリにとっては死を意味する。なんとかそれを切りぬけようと、近くのドナウの入江のうち、魚のいそうな池の氷をかたっぱしから割って歩いた。私はこの「室内のハクチョウ」と別れる決心をつけかねていたが、ある日、私は悲しみのうちにもほっと胸をなでおろした。ある美しい夏の日に、二羽の水鳥は開いていた窓からどこかへ飛び去ってしまっていたのである。

バタバタ飛びまわる臆病《おくびょう》な小鳥は、いちばんやりきれない。きみがズアオアトリを一羽買ったとしよう。きれいだし、声もよい。声を聞くだけでなく、姿も見てたのしもう。そこで前の飼い主で鳥にくわしいヴィーナー・フィンクラー氏が籠《かご》にかぶせておいてくれた、リンネルのおおいをと

りのける。鳥はとくに気にもならぬらしく、前と同じ調子でさえずっている。ただしこちらが動かないかぎりだ。動くならごくそおっと、注意深く動かなくてはならない。さもないと、鳥はやにわに野鳥のようになって、全力をあげて籠《かご》の格子につっかかりはじめる。みていても頭の皮や羽毛を傷つけやしないかとハラハラするくらいだ。そこできみはこう考える——もうすこしすりゃ馴れて落ち着くだろう。ブレームの『動物の生活《ティーア・レーベン》』にも、「急に動くのは避けよ」と書いてあるんだから。たしかにこの本はすばらしい家庭書の一つだ。世界でこれに匹敵する本はない。だが彼は、家族の一員としてどんな鳥を推奨《すいしょう》すべきかはひとことも述べていない。アトリが平気で動いている人間に馴れたという話はごくわずかしか知らない。急に動かなければいいんだろうって？　だいたい、自分の部屋で、毎日毎日急な動きを避けるなんていうことができますか？　急な動きを避けるとは、椅子《いす》一つずらしてもいけないということだ。もしこれを守らないと、このばかな小鳥はやっと生えそろった額《ひたい》の羽毛を、またまた散らしてしまうだろう。ほんのちょっと動くときにも、あのぞっとするはばたきがまたまたおこりはしないかと、びくびくしながらアトリの籠《かご》を横目でぬすみ見なくてはならないのだ。

渡りの季節になると多くの渡り鳥は飼われている籠《かご》の中でも、夜になるとさかんにはばたく。この困った事実も、ブレームは述べておいてくれなかった。たとえ鳥籠《とりかご》の屋根がふつうのそれほど頑丈でないもので、鳥がひどく傷つくことはないにしても、夜中にバタバタやられるのは鳥にとってだけでなく、おなじ部屋で眠っている人間にとってもきわめて悩ましいことだ。鳥が籠《かご》の格子へ体当たりするのが、すなわち渡りの目的地へむかおうとする衝動のせいだというわけではない。鳥はただ目がさえて、眠れないだけなのだ。そして動きたいという衝動にかきたてられ、やたらにとまり木から飛び立つ。ところが暗闇ではなにも見えないから、むやみやたらと格子に体当たりするのである。この夜のバタバタを防ぐ唯一の方法は、籠《かご》に小さな豆電球をとりつけることだ。それは鳥が格子ととまり木を見うるだけのごく暗いものでよい。私がこの方法を発明してから、やっと私の夜の平和が保証され、ムシクイ類のような渡り鳥を飼うことがほんとにたのしくなったのであった。

鳥好きの初心者にたいしては、野外では甘くやさしく聞こえる鳥の声の大きさを過小評価せぬようにと、いくら警告してもしすぎるということはない。クロウタドリやナイチンゲールのオスが部屋の中で元気よく鳴きだすと、窓ガラスはビリビリふるえ、テーブルの上のコーヒーカップは軽くおどりだす。ムシクイ類や大部分のアトリ類のうたは、室内でも大きすぎるということはない。大きくてもせいぜいズアオアトリの声ていどだ。しかしズアオアトリはふるえ声の節をいつまでもくりかえすので、いくぶん神経にさわることがある。一般に単純で変化のない節でうたう鳥たちは、神経質な人にはすすめられない。私にさっぱり理解できないのは、ウズラの声を我慢するどころでなく、あの「ピック・ペル・ヴィック」という鳴き声がよいといって、とくにそのために飼おうという人びとがいることだ。ピック・ペル・ヴィックというさえずりだけが、この本の三ページつづくことを想像してみたまえ。ウズラのうたがどんなものかよくわかる。たしかに野外ではすばらしく聞こえるかもしれないが、室内では、少なくとも私の部屋では、レコードにひびがはいって何度も何度もおなじところばかりをくりかえす蓄音機とおなじような感じを与えるのだ。

神経にいちばんこたえるのは、動物の苦しみだ。このことだけから考えても、とにかく容易に十分健康に飼えるような動物だけを買えという忠告は、たとえほかのもっと重要な倫理的根拠がない場合でも大切だ。結核にかかっているインコは、家族のだれかが死にかかっているときのような雰囲気をかもしだす。あらゆる注意をしたにもかかわらず、動物がなおる見込のない病気にかかった場合には、ためらうことなく安楽死させてやるべきだ。もちろん人間の場合はそんなことをすることを許されていない。

動物がどれくらい苦しむか、少なくとも精神的な苦痛については、その動物の心理的発達の程度と直接的な関係にある。ナイチンゲール、ムシクイ、ゴールデンハムスターのように知能の低い動物は、せまい檻《おり》に閉じこめられても精神的にはほとんど苦しまない。しかし原猿《げんえん》類やサル類はいうまでもなく、カラス類、大型のインコ類、マングースなどのように心理的に高等な動物たちは、猛烈に苦しむ。こうした賢い動物をほんとうに知ろうと思ったら、ひんぱんに自由にしてやらなくてはならない。このように檻《おり》から出してやっても、はじめちょっとみただけでは、檻《おり》に入れっぱなしにしておいたときとくらべて、動物の生活は本質的にはほとんど改善されそうもないようにみえる。しかし実際はその動物の心理的幸福にとって、はかり知れない大きなものをもたらすのだ。ときどき自由にされることと、永久的な監禁との間の相違は、たえず「拘束された」労働者の生活と刑務所の囚人の生活とのちがいほど大きな意味をもつのである。

自由にしてやるって？　そんなことをしたら、「野生動物」はすぐに逃げだしたり飛んでいったりしてしまうだろう。だれでもすぐそう考える。ところが、長い間檻《おり》の中の生活で精神的に苦しんでいるこれらの賢い動物たちは、すぐ逃げだしたりはしない。ずっと下等なものは別として、それ以外のすべての動物は「馴れた動物」である。彼らはどんなことがあっても、自分たちがつづけてきた生きかたを変えようとはしない。それだから、長い間檻《おり》で飼われていた動物を突然放してやったときは、帰り道さえみつかれば必ずもとの檻《おり》へ帰ってくる。大部分の小鳥たちはあまりばかなので、その帰り道をみつけられないだけなのだ。ジョウビタキやヒゲガラが開いた窓から外へ飛び出したら、まず彼らは帰り道を見出せない。イエスズメやショウドウツバメのように、「方向おんちでない」少数の鳥だけが、さまざまな窓やドアをうまく利

用して、たちまち帰り道をみつけだせる。ただしこれら自由に飛びまわる小鳥たちは、慎重さというものをまるで欠いているために、野外生活をしている同類のやらないようなきわどい冒険をやってのける。これには十分注意しなくてはならない。

だからほんとうに馴れたマングースやキツネやサルでも、ひとたび放されたら最後「輝ける自由」に帰ってしまうという通説は、まちがった擬人化を意味するものである。動物たちは逃げていってしまおうと思っているのではなくて、ただ籠《かご》から出してもらいたがっているだけなのだ。したがって、馴れたワタリガラスやマングースやマングースキツネザルやオマキザルを逃げださないようにするのはわけないが、むずかしいのは動物たちがきみの毎日の仕事や、日曜日の夕方の静けさを邪魔するのを防ぐことだ。私はこの十何年というもの、活発に動きまわる動物たちと、それを上回って活発に動きまわる子どもたちのいる中で仕事をするのが習慣になっているが、ワタリガラスが私の原稿を引っさらっていこうとしたり、ホシムクドリが翼のプロペラの風で机の上の紙をみんな吹きとばしたりすると、さすがの私もいらいらしてくる。また私の背後でオマキザルがなにかこわれやすいものをいじくりまわしているときなどは、たえずその音に耳をそばだてていなくてはならないのだ。

私が書き物をしようと机にむかうときは、ノアの方舟にはいっていた這《は》うものどもと、天翔《あまが》けるものどもを、すべて檻《おり》にもどしておかねばならない。檻《おり》から放してやれるくらい賢い動物たちならば、命令されたらまた自分で箱の中に帰るように訓練することはできる（ただしマングースは除く）。しかし人がいったんこのいかめしい命令を下し、動物がおとなしく檻《おり》の中に這《は》いこんでゆくのをみると、これは教育的見地からは排斥すべきことかもしれないが、つい今しがたの命令を後悔して、それを取り消したい気持におそわれるのだ。事実、動物は檻《おり》の中で死ぬほど退屈してうずくまってしまい、彼らを勝手にかけまわらせておいたときよりもいっそう人の神経をいらだたせる。その事情はまさに、小さい女の子に、「この部屋にいてもいいよ。だけどなにかしゃべったりして、邪魔をしてはいけないよ」と命じたようなものだ。女の子はおとなしくしていようという気持と、なにかたずねてみたくてたまらない気持との板ばさみになって、それがありありと彼女の顔にでる。それはその子のいちばんかわいらしいところかもしれないが、ホシムクドリやワタリガラスやサルの大群以上にも、私の仕事を妨げるのだ。

メスのアルザス種シェパード、ティトーは、まさにそのようにして私の神経を極端に悩ませた。このイヌは絶対に自分の生活をもたず、ただ主人といっしょにいてこそ生きてゆけるという過度に忠実なタイプのイヌに属していた。私が何時間机にむかっていようと、私の足もとでじっと寝そべっていた。ものすごくよく機転がきき、鼻をならしたりして、主人の注意を自分にむけさせようとしたりはしなかった。彼女は私をチラッと見るだけだ。その琥珀《こはく》のように黄色い目は、ただ一つのことしか問いかけない。「いつになったら私を散歩に連れてってくれるんです?」この瞳《ひとみ》は怠惰《たいだ》な良心への催促であった。私はイヌを部屋に入れないときでも、イヌがドアの前にすわりこんでおり、その琥珀《こはく》のように黄色い瞳《ひとみ》で、ドアの把手をまじまじとみつめていることを意識した。

　この章、とくに最後の何ページかをもう一度よみかえしてみると、私は動物を飼うときのマイナスの面をあまり強調しすぎたのではないか、読者に動物を買うことをまるで思いとどまらせてしまうのではないか、と心配になってきた。どうぞ誤解しないでいただきたい。私はこれこれの動物は買うべきでないと強調したけれども、それはただただ読者が最初に買う動物で失望し、神経をすりへらすような経験をしたがために、貴重でいちばん美しく、いちばん教えられるところ多い、動物を愛するという読者の気持がそこなわれ、ついには滅びさることをおそれたからにほかならない。私はできるかぎりたくさんの人たちに、自然のもつ畏敬すべき驚異への、より深い理解をよびさますことを自分の任務だと考えている。私はその意味での転向者を得ることを熱望している。そしてもしだれかがここまでこの本を根気よく読んでくれて、実際にアクアリウムをつくったり、ひとつがいのゴールデンハムスター

を買ったりしてくれたら、私はこのすばらしい任務に忠実な青年を一人得たと信じてよいのだろう。

9 動物たちをあわれむ

シェーンブルンのような大きな動物園で、観客の会話を聞いているといつもなるほどと思うのだが、人びとは満足して暮らしている動物たちにはばかにセンチメンタルな同情をよせるくせに、たいていの動物園でほんとうにつらい思いをしている動物たちの悩みにはまるっきり気づかずにいるものだ。特定の感動的な価値のゆえに、詩やうたの中で主役を演ずる動物たち、たとえばナイチンゲールやライオンやワシなどがまずあわれみの対象となる。

ナイチンゲールについてはくどくどいう必要もない。心理的にそれほど発達をとげていない小鳥について私が今までに述べてきたことは、ナイチンゲールにもみなあてはまる。一羽だけ籠《かご》に入れられたオスは、ある程度、おそらくはごくわずかばかり「悩む」。悩みの理由は、いくらうたっても仲間のメスが姿をあらわさないことにある。けれどもそんなことは、野外でも

ありうることだ。

「荒野の王者」ライオンについてはどうだろうか？　ライオンは幽閉の身になっても、心理的に同程度の発達段階にあるほかの食肉獣のようには苦しまない。それはひとえに、彼が運動にたいしてあまり強い衝動をもたないからだ。さらに率直にいうならば、ライオンはおよそ食肉獣のうちでも、いちばんのものぐさだ。まったくうらやましいくらいのものぐさである。たしかに自然環境のもとでは、ライオンはえものをあさりながら、広大な範囲を歩きまわる。だが、それは明らかに、飢えに迫られてのことにすぎず、けっして内的な衝動によるものではない。だから檻《おり》の中のライオンは、あわれなキツネやオオカミがするように、何時間も何時間もあちらこちらと休むことも知らず走りまわるようなことはしない。檻《おり》があまり小さいとさすがのライオンも運動衝動の抑圧を感じることがある。そのようなときでも、彼の運動は食後の散歩のようにゆうゆうとしたものだ。イヌ族のけものが監禁をとかれたとき、衝動的に走りまわるあのせわしなさはまったくない。以前ベルリン動物園で、砂漠の砂と黄色い岩の崖のある大きな区画が、ライオンのためにつくられたことがある。だが、このぜいたくな設計はまったく無意味であった。いっそ剝製《はくせい》のライオンを配置したパノラマをつくったほうがよかった。ライオンたちはこのロマンチックな風景のすみっこに、ただごろごろねそべっていただけだったのである。

さてこんどはワシだ！　私はこの雄壮な鳥についての神話的な幻想を破壊するのはいやなのだが、やはり事実には忠実でありたい。鳴鳥類やインコ類にくらべると、猛禽《もうきん》類はすべておよそばかな動物である。とくにわれわれの山々にすみ、われわれの詩人にうたわれてきた「ワシの中のワシ」であるヨーロッパイヌワシときたら、ワシのうちでもまた指折りのばかであり、そこらのニワトリにもはるかにおとるのだ。

私が飼った最初で最後のワシがどんなに私をがっかりさせたことか、私は今でもよく覚えている。それは巡回野獣園から売りにだされていたカタジロワシだった。私は六十シリングを奮発した。これはすばらしく美しいメスだった。羽毛はすっかり成熟した色になっており、もう数歳に達していることをもしめしていた。人にはすっかり馴れており、飼育係にちゃんとあいさつしていた。のちには私にたいしても愛情をしめす動作をしてみせるようになった。つまり首をぐっとひねって、下むきにまがったおそろしいくちばしの先が垂直に上にむくようにするのである。同時に、ワシはキジバトにもふさわしいような静かなやさしい声でなにかを語る。だがこのワシはハトとくらべたら、まさに小羊であった（12章参照）。だいたい私は、狩の訓練をさせてみようと思って、彼女を買い入れたのだった。キルギス人そのほかの民族では昔からこの猛禽《もうきん》を放って狩をしているのを知っていたからだ。もちろん私はなにも高尚な鷹狩をやって、スポーツの醍醐味を味わおうなどとしたのではない。大型猛禽類の狩のしかた、えものの捕えかたを観察できるだろうと期待したからなのだ。ところがこの計画はみごと失敗に終わった。私のワシは、たとえ断食させられていたときでも、実験用のウサギにさえ指一本ふれようとしなかったからである。

　彼女はまた、健康で力強く、りっぱな翼をもっていたのに、飛ぶのがあまり好きでなかった。ワタリガラス、オウム、ノスリたちは心ゆくまで飛ぶ。彼らは自分のあふれる力をたのしんでいるのだ。しかしこのワシはちがっていた。彼女は労せずして舞い上がれる、おあつらえむきの上昇気流が庭の上空にあるときにだけ飛ぶのだった。しかもそういうときでさえ、高いところで輪を描くようなことはけっしてなかった。降りてこようとすると、こんどはいつも帰り道がわからなくなる。まるで方向など考えずにぐるぐるまわり、しまいにどこでもいいかげんな場所へ着陸してしまう。そこで彼女は、私がとりにいくまでみじめな思いで待っているのだった。たぶんほうっておけば、いつかは一人で帰ってくるのだろうが、人の目につきやすい大きな鳥だから、「どこそこの屋根の上におたくのワシがとまっていますよ」と電話がかかってきてしまうのだ。そこで私がでかけねばならないことになる。おまけに歩いてだ。なぜかというと、そのばかな鳥は自転車をやたらにこわがっていたからだ。こういうふうに何度も何度も、私は腕にワシをかかえ、数キロメートルの道を重い足を引きずりながら歩いたものであった。

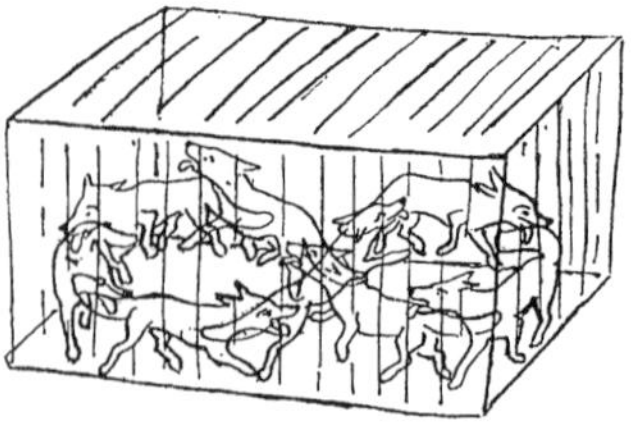

彼女を永久に鎖につないでおくのはいやだったので、私はとうとう彼女をシェーンブルンの動物園に寄付することにした。

シェーンブルン動物園にある最近改造された大きなフライング・ケージは、ワシの行動要求を十分にみたしている。もしこれらの鳥に面会を申し込んで、なにを望むか、なにが不平かをたずねたとしたら、鳥はこんな返事をするだろうと思う――「ぼくらはこの囲いの中の人口過剰にいちばん悩んでいます。ぼくやぼくの妻ができかけの巣に枝を一本もってくると、いやらしいシロエリハゲワシのやつがやってきて、その小枝をもってってしまうんです。オジロワシの連中にも困るんです。連中はぼくらより強いし、おそろしく横柄《おうへい》なんです。それにあのにくたらしいコンドルときたら、もういうことありませんよ。食べ物はとてもいいのですが、馬肉がちょっと多すぎます。ぼくらにはむしろもっと小さい動物、たとえば毛皮と骨のついたウサギなんかのほうがもっとずっといいんですがねえ」。ワシは輝かしい自由を熱望しますなどとはいわないだろう。

それでは、囚われの身の動物たちであわれな同情すべきものはなんだろうか？　この質問にたいしてはすでに前の章で部分的に答えてある。まず第一に、賢い、高度に発達した動物たちがそうだ。彼らの活発な精神と活動への渇望は、檻《おり》の中では、はけ口を見出せないのである。けれども、もっとみじめなのは、檻《おり》の中では発散しきれないほどの強い衝動にかられている動物だ。とくにだれでもすぐそれと気づくのは、自由な生活をしているときには、遠くまで徘徊《はいかい》する習慣をもつ、したがってあちこち移動したくてたまらぬ動物である。シェーンブルン動物園をはじめ、多くの前近代的な動物園で、あまりに小さな檻《おり》に入れられているキツネやオオカミは、動物園にいる動物のうちでいちばんあわれなものである。

よく知っている人びとにはとくに同情をよびおこすが、ふつうの人たちはめったに気がつかないのは、ある種のハクチョウが渡りの季節にみせる光景である。ほかのたいていの水鳥とおなじように、動物園のハクチョウは手翼を切断して、一生涯飛べないようにされている。鳥たちはもはや飛べないことを理解していない。そのため彼らは何度でも飛ぼうとする。私は水鳥の手翼を切るのを好まない。翼の先のない鳥、そしてそれが翼を広げたときのあわれな光景は、私のよろこびをまるでそこねてしまう。たとえそれがこの切断手術によってなんら精神的な苦しみを感じない鳥であったとしても……。

翼を切られたハクチョウは精神的な悩みなど感じないし、十分注意してやればちゃんと子どもをかえし育てるのだから、彼らは万事うまくいっているようにみえる。だが渡りの季節になると、危機がやってくる。ハクチ

ヨウは何度でも池の風下の側へ泳いでゆき、池の全面を滑走して風にむかって飛び立とうとする。そのたびごとに、飛び立ちの合図であるよくひびく鳴き声がひびきわたる。だが何度いきおいこんで滑走してみても、けっきょく一方の翼ともう一方の切られた翼を痛ましくはばたくだけに終わってしまうのだ。なんとあわれな光景だろう！

多くの動物園の伝統的な飼育法のもとでいちばん不幸なのは、すでに書いたように「神経をすりへらしている」精神的に活発な動物たちである。しかしこれらの動物は、動物園の訪問者たちの同情をひくことはほとんどない。とくに、もともと精神的にきわめて活発なこれらの動物たちが、厳重な監禁状態の影響をうけて、あわれにも精神に障害をきたし、自分自身の風刺画みたいになりさがってしまったときはなおさらである。せまくるしい籠《かご》に入れられた、大きなインコ類に人びとが同情しているのを、私は一度もみたことがない。動物虐待防止協会の熱狂的な後援者であるセンチメンタルな老婦人も、ヨウム、ボウシインコ、オオバタンが小さな釣鐘型の鳥籠《とりかご》に入れられたり、鎖でとまり木につながれたりしているのをみて、心を痛めたりすることはない。これら大型インコ類は、ただ利口なだけではなく、精神的にも肉体的にも異常なほど活発なのである。おそらく彼らは大型のカラス類とともに、囚人の感じる倦怠《けんたい》の苦しみを知っている唯一の鳥だろう。しかしこの真にあわれむべき動物をあわれむ人はだれもいない。無理解にも、愛情深い女主人は、その鳥がひょいひょい頭をさげるのを、おじぎをしているのだと思っている。とんでもない。これはもともとは鳥が籠《かご》から逃げだす出口をさがし、なんとかして飛びだそうというはかない望みでもがきまわった行動が、すっかり身についてしまったものなのだ。こういう不幸な鳥を自由にしてやってみたまえ。数週間、いや数ヵ月間、鳥は飛び立とうともしないだろう。

けれども籠《かご》の中の囚われの生活で、もっとみじめなのはサルたち、とくに大型類人猿たちである。彼らは囚われの身の精神的な苦しみから、肉体的にも明らかに障害をうけうる唯一の動物である。類人猿たちはときに文字どおり死ぬほど退屈することがある。とくにただ一匹であまりにせまい檻《おり》に入れられているときはそうだ。サルの子どもたちは個人の家庭で飼われて、「家族のきずな」のもとにある間はりっぱに育ってゆくけれども、大きくなり、かつ危険になって近くの動物園の檻《おり》にあずけられてしまうと、たちまちやせおとろえはじめるものである。その原因は前にあげたこと以外には考えられない。私のズキンオマキザルのグロリアもその点でまったくおなじだった。監禁による彼らの精神的な苦悩を防ぐことを体得しなかったら、類人猿のほんとうの飼育には成功しないといってもすこしも誇張ではない。ちょうど私の手もとには、チンパンジーをもっともよく知っている人であるロバート・ヤーキーズの書いた、すばらしいチンパンジーの本がある。この本を読んでみると、全動物の中でもっとも人間に近いこれらの動物の健康維持には、精神衛生が肉体的衛生と少なくともおなじくらい重要であることがわかる。シェーンブルンの動物園でみられるように、類人猿を一匹だけ小さな檻《おり》に監禁して飼うことは、法律で禁止すべき残酷な行為だ。

フロリダのオレンジ・パークにある大きなヤーキーズ類人猿研究所では、もう何十年の間チンパンジーの集団が飼育され、どんどんふえていっている。そこではサルたちは私のフライング・ケージの中のコノドジロ（小喉白）ムシクイたちとおなじくらい幸福に、そして読者や私などよりはずっとずっと幸福に暮らしている。

10　忠誠は空想ならず

新旧両石器時代の境目ごろ、最初の家畜として、トルフシュピッツ犬があらわれてくる。これは明らかにジャッカルの血をひいた、半家畜化されたイヌであった。このイヌの骨が発見された北西ヨーロッパには、そのころすでに、ジャッカルはいなくなっていたと思われるし、いっぽう、トルフシュピッツにはいろいろな面での家畜化のしるしがもうかなりたくさんみられるので、石器時代の湖上住居生活者たちが彼らのイヌをはるばるバルト海沿岸まで家畜として連れていったことは疑いがない。

旧石器時代の人間は、いったいどのようにしてイヌにめぐりあったのだろう？　それはおそらく偶然の産物だった。ジャッカルの大群はさまよい歩く旧石器人類の狩猟団について歩き、人間の露営地をぐるりと囲むようになった。アジアのパリア犬はいまでもこのような生活をし

ているが、そもそもこのパリア犬なるものは、野生化した家犬なのか、それとも家畜化への道の第一歩をふみだした野生イヌなのか、ちっともわかっていないのである。それはともかく、われわれの古い古い祖先たちは、人間の食べかすをあさりにくるこのジャッカルたちを、とくにどうしてやろうとは考えなかった。パリア犬に囲まれている現在の東洋人も、昔からのしきたりとしてイヌには手をふれない。しかし、石器時代の狩人たちにとって、巨大な猛獣はまだまだおそるべき敵であったから、キャンプのまわりをジャッカルたちがぐるりと囲んでいてくれて、サーベルタイガー（剣歯トラ）やホラグマなどという当時の巨大な猛獣が近づいたら、すさまじい声でわめきだしてくれるのは、人間にとってはじつにありがたいことだったにちがいない。

いつのまにか、この見張りという役目に狩の手伝いという役目が加わった。それまでの、おこぼれをあてにして狩人たちについてきたジャッカルの群れは、いつのまにか、狩人たちのあとではなくて前を走るようになり、えものの足跡をつけて、えものを狩りだすようになったのである。人間の手をかりず自力ではとうてい狩りとれない大きなえもののおこぼれを食べ

るのが習慣になったこの原家畜たちは、そうしたけものにたいして新たな関心をもつようになったにちがいない。彼らはこれら大型獣の足跡をつけてゆき、その居所《いどころ》を人間に知らせることをはじめたのだった。イヌたちは自分にうしろだてがいるかどうかをおどろくほど早くかぎつける能力がある。そして強い友が守っていてくれるとなると、てんで臆病《おくびょう》な小イヌでさえもはげしい闘士になるものである。だから私が右のように考えても、古代のジャッカルたちだけがとくにずるかったことにはならないと思う。

　私がほんとうに気持よく心なごむように思うことは、人間とイヌとのこの古いむすびつきが、両者の自発意志にもとづいてなんの強制もなく契約されたということだ。ほかの家畜はすべて、囚われの身という道をへて家畜になった。ネコだけがちがうけれども、ネコは今日《こんにち》なお真の家畜とはいえない。すべての家畜は身ぐるみの奴隷であり、ただイヌだけが友である。イヌこそほんとうに忠実な恭順な友である。何千年という時の流れるうちに、イヌ族の間では、もはやあるイヌを群れのリーダーにえらぶという野生時代の習慣がすたれ、人間の一族のリーダーを自分たちのリーダーと考えるのがふつうのことになった。事実イヌたちには、とくに個性的な「強

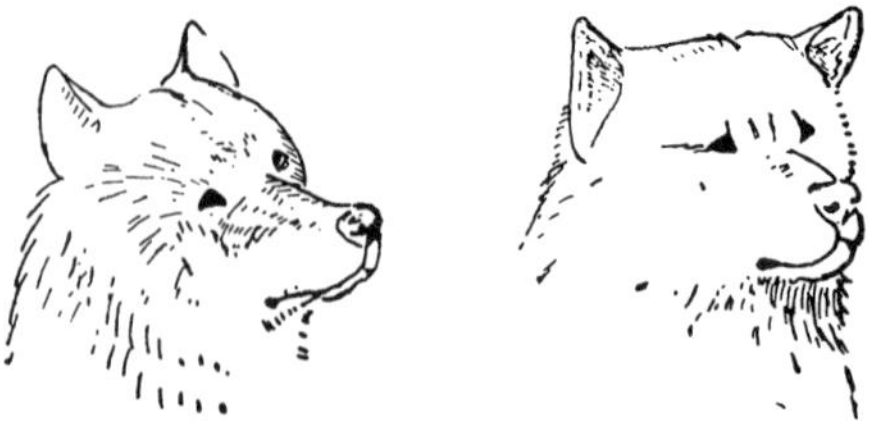

い」個体ほど、そのときの人間の「家長」（パテル・ファミリアース）を自分の主人とみなす傾向がある。しかし、ごく原始的なイヌにおいては、人間にたいしてまったく別な、あまり直接的でない関係を生じやすい。これらのイヌをたくさんいっしょに飼っておくと、そのうちの一匹がリーダーイヌとして尊敬され、事実上それ以外のイヌは、人間にではなくてこのイヌに忠実に従うようになる。そこで、リーダーイヌ自身だけは真の意味で彼の主人のイヌであるが、そのほかのイヌは、正確にいえばこのイヌのイヌになるのである。行間の意味を読みとれる人ならば、ジャック・ロンドンのあの真に迫った描写から、アラスカの橇《そり》イヌの群れではこの関係が原則となっていることをみぬけるだろう。興味あることには、高度に家畜化されたイヌたちは、もはや「イヌを主人とする」ことではあきたらず、「リーダーイヌとしての人間」を積極的にさがしもとめるのである。

もっともふしぎでわからないのは、よいイヌが主人をえらびだす過程である。しばしば数日間という短い期間で、人間同士の結びつきなどより何倍も強固なむすびつきが、突如としてできあがる。忠誠というものはいつかはかならず破れるものだが、真に忠実なイヌの忠誠だけは別なのだ。

私が今までに知ったイヌのうちでいちばん忠実だったのは、ジャッカル（学名カニス・アウレウス）の血とともにかなり多くのオオカミの血が流れているイヌであった。オオカミ（学名カニス・ルプス）はおそらく間接的に、ジャッカル系イヌとの交雑によって家畜化されたものであろう。家犬の大型品種の形成にあたってオオカミが重要な役割を果たしたという、広く認

められた意見があるけれども、比較行動学の研究からみると、ヨーロッパのイヌの諸品種は、ドッゲ犬やシェパードのような最大のものにいたるまですべて純粋なジャッカル系のイヌであって、せいぜいごくわずかだけオオカミの血をふくむにすぎない。現存するもっとも純粋なオオカミ系のイヌは、極北アメリカのインディアン犬のある品種、特にいわゆるマレムート犬である。エスキモー犬も、ごく痕跡的にジャッカルの血をまじえるだけである。旧世界の北方種のイヌ、たとえばラップ犬、ロシアのライカ犬、サモイェード犬、中国系スピッツのチャウチャウ犬などは、北アメリカのイヌよりもジャッカルの血が濃い。それでも彼らは、オオカミの顔つきの特徴である突きでた頰骨や、斜めについた目、いくぶん上をむいた鼻をもっている。いっぽうチャウチャウ犬のもえるように赤いすばらし

い毛は、ジャッカルの血をひいていることのまぎれもないしるしである。

なぜイヌがたった一人の主人に決定的にむすびつき、「忠誠を誓う」のかも、やはり謎である。ある檻《おり》から連れてきた子イヌの場合だと、二、三日とたたぬまにきわめて急速に忠誠の誓いがおこなわれる。イヌの全生涯におけるこのもっとも重大な過程の「感受期」は、ジャッカル系のイヌでは生後約八カ月から一年半の間に、オオカミ系のイヌではほぼ六カ月目にある。

イヌが飼い主にしめす真に深い愛情は、まったく異質な二つのみなもとから発している。第一のものは、野生のイヌがその群れのリーダーにたいして抱く愛着にほかならない。家犬では、これが本質をあまり変えないまま、人間に移しかえられるのだ。これに加えて、高度に家畜化された家犬たちでは、まったく別の形の愛着が生ずる。多くの場合、家畜とその野生祖先種とは、野生型では幼若期のみにごく短期間みられるにすぎない体の構造や行動が、家畜では一生涯保たれている点が異なっている。たとえば、多くの家犬品種にみられる短い毛、巻いた尾、垂れ耳、まるっこい頭、短い鼻先は、このような特徴の例である。家畜化にともなうこの幼児化は、行動においてはなによりもまず愛着の面での変化にあらわれている。すなわち、野生イヌではごく幼いイヌだけがその母親にたいしてしめすような愛着が、家犬では一生涯を通じて保たれており、それが変わることのない忠実さとなってイヌを主人にむすびつけるのである。

したがって、それ自身の本質は変化せずただ対象が人間に移されただけの群れの愛着と、家畜化によって持続的なものになった子どもの愛着とが、たがいにほとんど無関係な二つの源泉となって、イヌのあの忠実さを形作っていることになる。オオカミ系のイヌとジャッカル系のイヌとでは、気質に本質的な相違があるが、それは今述べた源泉の強さが二つの系統で異なっていることによるのである。オオカミでは、群れというものが、ジャッカルにおけるよりもけたちがいに大きな意味をもっている。ジャッカルはもともと定住性の動物で、たまたま群れをなして狩をするにすぎない。ところがオオカミの群れは、がっちり組んだ、まったく排他的な社会をつくり、北方の森林を徘徊《はいかい》する。この社会がにかわとうるしのようにぴったりむすびついたものであり、仲間同士は死んでも守りあうものであることは有名だ。よく一つの群れのオオカミが共食いをするといわれるが、私は嘘《うそ》だと思う。なぜなら、純オオカミ犬であるアラスカの橇《そり》イヌは、たとえ飢えてもけっしてそんなことはしないからだ。そしてこの社会的抑制は、けっして人間が彼らに教えたものではない。

　妥協のない排他性と勇敢な集団性は、なんといってもオオカミの特性である。それはオオカミ系の濃いイヌのすべての品種に、よい意味での影響をあたえている。オオカミ系のイヌはジャッカル系のイヌにまさる点をもっているが、そのちがいもここに起因する。ジャッカル系のイヌはあまりにだれとでも「仲よし」になりすぎ、事実上だれが綱をひっぱってもよろこんでついていってしまう。これにたいし、ひとたびオオカミ系のイヌがある人に忠誠を誓ったら、

彼はもはや永久にその人のイヌである。知らない人はしっぽすらふってもらえない。二君には仕えぬというオオカミ系のイヌのこの忠誠を味わった人は、もはやジャッカル系のイヌを飼っても幸せにはなれない。オオカミ系のイヌのこのようにすばらしい性質には、じつはかなりの欠点が抱き合わせになっている。そしてその欠点もまた、やはり二君には仕えぬという忠実さの直接の産物なのだ。おとなになってから飼いはじめたオオカミ系のイヌがけっしてきみのイヌにならないことは、はじめから明らかだ。だがもっと悪いことがある。もしなにかの理由できみがそのイヌを手放さねばならなくなると、イヌは完全に心理的平衡《へいこう》を失ってしまう。きみの奥さんにも子どもにも従わない。彼は苦悩にたえきれず、彼のモラルはたちまちにして主人のいない野良イヌのレベルに転落してしまう。そして、鳥小屋をおそったりして、悪事に悪事をかさねながら、そこらじゅうをうろつきまわるのである。

さらに、オオカミの血の極端に濃いイヌは、その並はずれた忠実さと愛着の深さにもかかわらず、けっして従順ではない。きみを失ったら彼は死ぬ。しかしこうしたイヌから絶対的な従順さを引き出すことは、熟練した調教師ならともかくだが、少なくとも私にはできない。だから、町で鎖なしに主人のそばを歩いているチャウチャウ犬を見かけることはまずないのだ。オオカミ系のイヌは、大型ネコ族の猛獣の性質をたくさんもっている。彼は死ぬまできみの友である。だがけっしてきみの奴隷にはならない。彼はきみという人間なしに生きてゆけないけれど、確固とした自分なりの私生活をもっているのだ。

ジャッカル系のイヌはまるでちがう。古くからの家畜化の結果として、彼には子どもの愛着が保たれて残っている。そのため彼は、あつかいやすい従順な道連れとなった。オオカミ系のイヌのもつ、従順さとはほとんど無関係な誇り高い忠誠心のかわりに、ジャッカル系のイヌはすばらしい従順さをしめす。彼は昼も夜も、毎時、毎分、たえずきみの命令に、それもほんのちょっとした期待にまで注意を払っている。ジャッカル系のイヌは、ほとんど「本性的に」いうことをきく。つまり、自分の名を呼ばれたらすぐとんでくる。気がむいたからとか、やさしく呼ばれたからではない。ゆかなくてはならないと思うからやってくるのだ。きびしい声で呼ばれるほど、大急ぎでとんでくる。これがオオカミ系のイヌだったら、まずそんなことはしない。そのかわり、遠くから親しげな身振りをして、きみをまる

めこんでしまおうとする。残念ながら、ジャッカル系のイヌのもつこのすぐれた好ましい性質も、やはり短所と抱き合わせになっている。その短所もまた、この動物の持続的な「幼児化」に根ざしているのだが、イヌの飼い主にとってはけっしてよろこばしいものではない。ある年齢以下の子イヌは仲間にとって「タブー」であり、けっしてかみつかれたりはしないことになっている。そこでこういうベビーたちは他人を甘くみて、だれにでもしつこくつきまとう。そして、どのおとなにも「おじさん」といってくっついてゆく人間の子ども同様に、相手かまわず遊ぼうと誘いかけて、動物や人間を困らせるのである。このような子どもっぽい性質が、家犬では一生を通じてみられるわけだから、家犬にはきわめて不愉快なイヌらしさが生じることになる。というより、ほんとうのイヌらしさが完全に欠如しているのだ。この現象でいちばん困るのは、だれをもおじさんと思ってしまうイヌが、ちょっとだけかわいがってくれた人にたいしてあきれるほど「イヌ的な」服従をしめすことだ。遊びずきの無遠慮な襲撃から、ついにはひどく子どもじみた卑屈さにまでいたる。やたらにいつまでもじゃれつくことと、ちゃんということを聞いて従順に「小さくなる」ことのけじめのまるでつかないイヌは、だれでも経験したことがあるだろ

う。きみの体じゅうにじゃれついて毛だらけにしてしまうイヌは、その家の奥さんのごきげんをそこねるのも承知の上でどなりつけるほかはない。イヌはびっくりして小さくなり、許しを乞《こ》う。そこできみは、その奥さんのごきげんをとるためにも、イヌをやさしくなでてやる。とたんにこの畜生はきみの顔をめがけてとびついてきて、ぺろりとなめる。きみのズボンはまたもや毛だらけだ。

こういうイヌはいうなれば万人のイヌであるわけで、もちろんすぐにぬすまれる。親しげに話しかける人にならどんな他人ともすぐ親しくなってしまうからだ。だが、盗られるイヌはいずれは盗られる。耳の垂れた、すばらしい高貴な姿の猟犬なんか、鉄砲を肩にかけた人にならほとんどだれにでもついていってしまうものだ。要するに、実用犬としての彼らの便利さは、彼らがだれにでもなつくというこの性質にあるのである。この従順さがなかったら、完全に訓練をうけたものを安心して買うこともできないし、また、前から飼っているイヌを職業的な調教師にたのんで訓練してもらうこともできない。もうおわかりだろうが、イヌは自分と完全に主従関係にあるたった一人の人によってしか訓練されえないものだろうか？　もしそうなら、イヌを他人に訓練してもらうことは、根本的にみれば忠誠の破壊を望むことにほかならない。主人とイヌとの間の個人的関係は、たとえイヌが訓練から帰ったのち、ある程度まで主人ともとの関係にもどるにせよ、やはり重大な支障をうけるはずだからだ。

オオカミの血のはいったイヌにこんなことをやってみたまえ。結果は次の二つのどちらかだ。もしそのイヌがすでにきみに忠誠を誓っていたならば、彼はほとんどなにも学んでこない。そして悪質な攻撃とまではいかなくとも、強情なかたくなさと嫌悪の動作をみせて、調教師を困らせるだけである。もしイヌをごく若いうちに、つまり彼の忠誠心がまだその確固たる対象を見出していないうちに訓練に出したとすれば、そのイヌの忠誠は訓練終了後もそのまま調教師のものになってしまう。オオカミの血のひじょうに濃いイヌでは、訓練ずみのものを買うわけにもいかない。主人から引きはなされたイヌでは、もはや訓練のあとは消えてしまうのである。オオカミ系のイヌは、たった一人の主人に完全にそして永久に従っているか、それとも真の主人を見出せず、あるいは主人を失って、だれのものでもなくなるか、そのどちらかなのだ。後者の場合、彼は「ネコになってしまう」。つまり、深い精神的結びつきを生ずることもなく、ただ人間のそばで生きてゆくだけなのである。北アメリカの橇《そり》イヌは、大部分こういう状態にある。ジャック・ロンドンのような人があらわれてそれを理解し、解明してくれなかったならば、彼らの深い精神的価値は、けっしてくみとられることはなかったであろう。おなじことは、中央ヨーロッパのチャウチャウ犬にもあてはまる。彼らはおなじ理由から、多くのイヌ通《つう》の人びとの軽蔑をうけている。チャウチャウ犬もまた、前にのべたような意味で「ネコに」なることが多い。というのは、彼らの最初の愛情はたいていは不幸に終わり、しかも彼らにとって第二の愛は不可能だからである。チャウチャウ犬では、かけがえのない忠誠の誓いが、ジャッカル系のイヌよりも早くおこなわれる。ジャッカル系のイヌのうち、もっとも個性が強く忠実なのは、おそらくジャーマンシェパードとエアデルテリアだろうが、彼らにおいては、生後約一年を過ぎてもなお、まったく新しい主人に愛情を生じることができる。しかし完全に忠実なオオカミ系のイヌをもちたいとねがうのなら、ごく小さいときから自分の手で育てなくてはならない。チャウチャウ犬についての私の長年の経験によれば、そういうイヌは生まれて四カ月、おそくとも五カ月から飼いはじめねばいけない。これは人が想像するほどたいへんな犠牲ではない。なぜならオオカミ系のイヌではジャッカル系のイヌにおけるよりずっと早く、家の中で飼われるのになれてくるからだ。この品種はネコにも匹敵するくらいきれい好きなので、じつに気持がよい。

イヌの性格について私が書いたのをみるとき、読者はきっとオオカミ系のイヌばかりひいきしているように思うかもしれない。だがけっしてそんなことはない。比類ないジャーマンシェパードのみせる主人への絶対的な従順さを、私はかつてオオカミ系のイヌから示されたことがない。そのいっぽう、オオカミ系のイヌの猛獣らしい気高い性質、たとえば、見知らぬ人にたいして頑として打ちとけぬ態度、主人にたいする愛情の名状しがたい深さ、そしてそれと同時にこの深い愛の表現のじつにひかえめなこと、一口にいえば彼らの内面的な高貴さには、やはり捨てがたい味がある。ジャッカル系のイヌは、このような点ではくらぶべくもない。といって両方そろったものをつくることも無理なのだ。だが、ほんとうに無理だろうか？　ジャッカル系のイヌの永続的な子イヌ化とそれにもとづく愛着や従順さは、何万年にもわたる家畜化のおかげである。オオカミ系のイヌを一足とびにそこまでしたてようとしても、それはあまり簡単なことではない。けれど、なんとかうまくゆくこともあるのである。

何年も前、妻と私はそれぞれ一匹のメスイヌを飼っていた。私のは前にもふれたシェパードのティトー、妻のは小さなチャウチャウ犬のピギーだった。どちらもそれぞれの品種の純系で、ティトーの品種はカニス・アウレウスつまりジャッカルの、ピギーのほうはカニス・ルプスつまりオオカミの特徴の典型的な代表者であった。そしてこの二匹が原因で、われわれが夫婦げんかをすることになった。妻はティトーが私の家のたくさんの友人たちにだれかれのみさかいなくシッポをふるといって私をけなし、みんながふざけ半分にかまえばはしゃぎだして、泥まみれのまま、お行儀もなくのこのこ部屋にはいってくるといってはけなし、むしろ外に出してやるのを忘れたときのほうが部屋がよごれなくていいといってけなした。妻はそのほかティトーのしでかすこまかいことについて、い

ちいち私にけちをつけた。たしかにそんなことは、オオカミ系のイヌのけっしてやらないことであった。「おまけにティトーは自分自身の生活というものをもっていないじゃないの。あのイヌはまるで魂もない、主人のただの影よ。一日じゅう書き物机のわきにすわりこんで、こんどはいつ散歩につれていってもらえるかとそればかり待っていられたら、それこそこっちの神経がすりへってしまうわよ……」。やれやれ、影か、魂のないね。ティトー、お前はイヌの魂みたいなイヌなのに！　私は憤慨していいかえす──「ぼくだったら、散歩にいけないときは大きな口笛をふいてやるよ。イヌは主人に忠実にしたがうためにいるんだからね。ピギーだって、二君に仕えずとはいうけれど、なにかといえば表へとびだしていくじゃないか。だいたいきみが森へいって、ピギーといっしょに帰ってきたことが一回でもあったかい、どうだ？　シャムネコでも買ったほうがまだ気がきいているよ。あいつのほうがよっぽどおとなしいし、きれいずきだし、おまけに看板にいつわりなしだ。シャムネコはあくまでネコだからな。ピギーはどうだ？　ピギーはイヌじゃないぜ」。答えはこうだった、「あんたのティトーだってイヌじゃないわ。せいぜいマルリット流の小説のセンチメンタルなさし絵だわ」

この論争はいささかふざけているが、それでもけっこう重大なこともふくんでいた。そして結局のところ、自然とつぎのようなことでけりがついた。ティトーの息子の一人のブービというやつが、チャウチャウ犬ピギーと結婚したのである。この事件はまったく妻の意に反しておこったことであった。もちろん妻は純血のチャウチャウ種を育成しようと望んでいた。ところがわれわれは、ちょっと予期していなかった障害にぶつかった。そのおかげでわれわれは、オオカミ系のイヌの新しい性質を一つ知ることになった。すなわち、オオカミ系のイヌのメスは、ある特定のオスイヌに一夫一妻的な忠誠を守るのである。私の妻はピギーを連れて当時ウィーンにおすまいのチャウチャウ種のオスイヌを片っぱしから漁《あさ》りまわり、うまく気のあう相手をみつけようとした。徒労だった。ピギーはあらゆる求婚者にむかって猛然と牙をむくばかりであった。彼女はただブービだけを欲し、ついにブービを得た。ということは、ピギーがおしこめられていた小屋の厚い扉をバラバラにかみやぶって、彼が彼女を得たということであった。

こうしてわれわれのチャウ＝シェパード雑種の育種がはじまった。その功労はひとえに、巨大で気立てのよいブービにたいするピギーの忠実な愛に帰せられる。私はこの事情をありのままに語ったことを、道徳的にはわれながら上出来であったと思っている。もし次のように書いたらたぶんもっと魅惑的であったろう――「オオカミ系およびジャッカル系のイヌに付随した利点および欠点をくわしく分析したのち、交配によって両者の素質を結合させる研究が企てら

れた。あらゆる点からみて、この研究はうまくいっている。多くの品種交雑では、両親の悪い性質のみが、結合される傾向がきわめて多かったが、私の研究ではまったくその逆である……」。たしかに成果に関してはこれは事実であり、正しい。だが残念ながら、けっしてはじめからそのつもりでやられたことではなかったのだ。

現在、われわれの育成した品種には、シェパードの血はもうごくわずかしかふくまれていない。というのは、私が戦争で留守にしていた間に、妻が二度も純粋なチャウチャウ種とかけてしまったからだ。もちろん強制的にである。強制せねば同系交配ばかりがおこったろう。けれども、心理的な面からみると、ティトーの遺伝はじつに明らかであった。子孫たちは純血のチャウチャウ犬とはくらべものにならぬほど愛着が強く、教育しやすかった。だが肉体的にシェパードの血の混入をしめすものは、わずかにそのきつい目だけであった。幸いにもこの雑種たちは戦争中も無事生きのびたので、私はそれをふやし、こんどこそちゃんと目的意識をもって、理想的な性質のイヌを育種してやろうと考えている。

現在イヌの品種はたくさんある。そこへまた一つつくり出すことは果たして意味があるだろうか？　私はやはりあると思う。今日《こんにち》人間にとってのイヌの価値は、狩人とか警官とかいった少数の職業の人びとを無視すれば、まったく精神的なものである。きみのイヌがきみに与えうるものは、森の中で私についてくる野生動物が私に与えるものと、ごく似たものである。文明人は本や話だけで知っている事実を実際の自然と直接むすびつける可能性を失っている。この失われたものをイヌたちは再び確立してくれるのだ。だが、これに加えて私には、ばかげた流行の産物や形態育種学の技術の勝利ではなく、生きた動物であるイヌが、心のゆがめられていない自然のままの生きものであるイヌが、必要なのである。しかしそれを満たすようなイヌの品種はごく少ない。とくに、ひとたび「モダーン」になってしまって、理想的な外見のためにだけ育成されてきたような品種は、ほとんどその素質をもっていない。

どの品種のイヌもこの過程の犠牲となって、精神的な障害をうけている。だからこそ私は、その逆のことを意図しているのである。私はオオカミ系のイヌとジャッカル系のイヌとの心理的な性質を理想的に結合するのを最大の目的として、イヌの育種をやってみたい。文明化され、アスファルトの大地に生きるあわれな人種が期待し欲するものを与えうる、とくにそのようなイヌをつくり出してみたいのだ。

嘘《うそ》いつわりのないところ、われわれが、イヌを護身用や番犬として絶対に必要としていることは事実である。たしかにわれわれはイヌを必要としている。だがそれは護身のためだけではない。見知らぬ町で私によりそってついてくるイヌは、いつも私にとって必要なものであった。そして私はそのイヌがいるという事実に、多大の安らぎをおぼえたのであった。あたかもそれは、人が幼少時代の思い出に、故郷の深い森への想いにしばしば心の安らぎを覚え、映画のように過ぎ去ってゆく人生において、私はやはり私なのだと告げてくれる何物かに安らぎを見出そうとするようなものである。この安らぎをこれほどしみじみと、そしてあたたかく約してくれるものは、私のイヌの忠誠をおいてほかにはないようにさえ思えるのだ。

11　動物たちを笑う

私が動物を笑うことはめったにない。たまたまつい笑ったときも、よく考えてみると、それは動物によってもののみごとに風刺された私自身や人間を笑っていたのだということに気づくのである。われわれはサルの檻《おり》の前で笑う。しかし毛虫やカタツムリをみて笑うことはない。元気のいいハイイロガンのオスの求愛のしぐさがひどくこっけいにみえるのも、人間の青年たちがそれとまるでそっくりにふるまうからにほかならない。

しかるべき手ほどきをうけた観察者は、動物の奇妙なことをやたらに笑ったりしないものだ。動物園や水族館にきた人たちが、特殊な生活様式にたいする極度の適応の結果、常識はずれの形態をもつにいたった動物を笑うのをみると、私は腹が立ってくる。そのような「観客」は、私にとって神聖なもの、つまり種《しゅ》の変遷、創造、創造者の謎というものを嘲笑《ちょうしょう》しているから

である。カメレオンやハリセンボンやアリクイのグロテスクな姿は、私に畏敬にも似たおどろきを呼びおこすが、こっけいだという気はけっしておこさせない。

もちろん、私だって、予期もしていなかったおどけたかっこうを笑ったことはある。そしてその笑いは、私を怒らせた観客の笑いよりけっしてばかげていないわけではなかった。あるとき、陸を歩く奇妙な魚、トビハゼがオランダから私のところへ送られてきた。私が生きたトビハゼをみるのはそれがはじめてだった。その一匹がピョンと水槽の外にではなく、ふちにとびあがり、そこに「すわりこみ」、チンのような顔つきをしながら、グリグリした二つの鋭い目で私をじっとにらみつけたとき、私は思わずふきだしてしまった。魚、それもまぎれもない硬骨魚が、カナリヤのように、「とまり木」にとまるのだ。そしてまるで魚ではなくてなにか陸上動物のようにこちらへ顔をむける。あげくのはてには、フクロウのように両目をそろえてじいっとみつめるのだからたまらなかった。そもそもフクロウが鳥のくせに両目でものをみることからしてこっけいなのだ。人間みたいに両眼視のできるのは、鳥仲間では例外なのだから。けれどこの場合にも、動物のおどけた姿それ自身より、むしろそのふるまいが人間の風刺になっていることがこっけいにみえるのである。

こんなわけで、私も動物を笑ったことはあるけれども、そのほとんどの場合、私はじつは人間を笑っていたのだった。笑われたのは私や観察者であって、けっして動物たちではなかった。行動学者というものは、高等動物とつきあっているうちに、しばしばおよそこっけいな姿を演ずることがある。それは避けられないことである。近所の人や遠方の人たちから、気が変だと思われることもやはり避けられない。私がかろうじて精神病院行きをまぬがれてきたのは、村のもう一人の知恵遅れと同様、人に危害を加える人物ではないという信用をえていたからにすぎなかった。というと、アルテンベルクの人たちはずいぶん物わかりの悪い人たちだということになってしまいそうだ。しかしアルテンベルクの人たちが私を変人あつかいしたのも無理はないようなことが、今までにいくつもあったのである。彼らを弁護するために、すこしくわしく話してみよう。

私はあるとき、マガモのヒナについて実験していた。人工孵卵《ふらん》でかえしたマガモのヒナはおなじようにしてかえしたハイイロガンのヒナとまるでちがい、まるきり人に馴れず、きわめて臆病《おくびょう》である。どうしてなのか？　そのわけを知るのがこの実験の目的だった。ハイイロガンのヒナは、彼らが卵からかえって最初に目にした生きものである人間を何一つ疑うことなく自分たちの母親として受け入れてしまう。そして人間のあとについて走ってゆく。これにたいしマガモのヒナは、私になんの関心もしめそうとしない。かえったばかりのヒナを孵卵器《ふらんき》からとりだすと、彼らはまだなんにも知らないはずなのに私をこわがる。そしてわっと四方へ逃げ散って、いちばん近い暗いすみっこにうずくまってしまうのである。なぜ二つの種類でこんなにもちがうのだろう？　私はふと思いあたった。以前私は一羽のトルコガモにマガモの卵をかえさせたことがある。そのときマガモのヒナたちは、この育て親をけっして母親として受け入れようとしなかった。彼らは体がかわくやいなや、ひたすら育て親から逃げていった。おかげで私は、泣きさわいで逃げまわる迷い子たちをつかまえて救いあげるのにほとほと手を焼いてしまった。一方ではまた、一羽の大きな白いアヒルに、やはりマガモの卵を抱かせてみたことがある。このときは話が逆で、マガモのヒナたちはまるでほんとうの母親にたいするように、満足げにアヒルのうしろからついて歩いた。秘密はどうも先に立って歩く鳥の呼び声にあるらしい。外見からいえばマガモの母親に似ているのはむしろトルコガモのほうである。まっ白い大きなアヒルは、マガモとはずいぶんちがっている。アヒルとマガモに共通なのは鳴き声だ。いうまでもないが、マガモはアヒルの先祖である。家畜化されてくる間に、体の色や形はずいぶん変わってしまったが、鳴き声はほとんど変化をうけなかった。つまり、マガモのヒナたちをついてこさせるには、私が母親ガモそっくりの鳴き声を出せばよいのかもしれない。

こう思いつくと、私はすぐにやってみた。ちょうど聖霊降臨祭の土曜日に孵化《ふか》するよう、一腹のマガモの卵を孵卵器《ふらんき》に入れた。ヒナたちがかえって体がかわくとすぐ、私はできるだけ上手なマガモ語でヒナたちをよんでみた。数時間、いやまる半日、私はそれをつづけた。首尾は上々であった。子ガモたちは信頼しきったように私を見上げ、私をおそれる気色などさらになかった。私がたえずゲッゲゲッゲッ……といいながらゆっくり歩きだすと、彼らもすなおに歩きだし、ちょうど母親についてゆくときとおなじようにみんなくっつきあって、私のあとからチョコチョコついてくるのだった。私の仮説はみごとに実証された。かえったばかりの子ガモたちは母親の視覚的な姿にではなくて、母親の呼び声に生まれつき反応するようになっているのである。ちゃんとした呼び声を出すものなら、大きな白いアヒルでも、もっと図体の大きい人間でもかまわない。みんな母親とみなされる。ただし、ある限度以上大きくては、やはりだめだ。この子ガモの実験では、はじめ私はまず草の中に腰をかがめ、それから彼らに追従反応をおこさせるため、かがんだままで彼らからそろそろとはなれていった。けれども、私が立ち上がって、立った姿勢で彼らをリードしようとするやいなや、子ガモたちはたと立ち止まり、明らかに探るようにしてあたりをみまわすのであった。しかし私を見上げることはない。そしてほどなく、子ガモたちは、私たちがいとも単純に「泣く」といっている、見捨てられたときの鋭い声をたてはじめるのだった。代理のママが急にそんなに背が高くなったことに、彼らは順応しきれなかったのだ。したがって、彼らをついてこさせるには、どうしても低くしゃがんだままで歩いてゆかねばならなかった。これはあまりらくな仕事ではなかった。さらにめんどうなことに、ほんとうのマガモの母は、ほとんどひっきりなしにゲッゲッゲッと鳴きつづけるものなのである。私が調子のよい「クヴェーゲッゲッゲッ……」を半分間でも中断しようものなら、子ガモたちは人間の子どもの「ふくれっ面」よろしく、すぐさま首をのばし、みまわすのだ。そのときすぐさまゲッゲッを再開しなかったら、たちまちにして子ガモたちは甲高い泣き声をたてはじめる。私が黙ったとたん、彼らは私が死んでしまったか、それとももう自分たちを愛さなくなったと思うらしい。泣きだすのも無理はあるまい。マガモのヒナはハイイロガンのヒナとはまるでちがって、えらく気むずかしく、気苦労のいるヒナであった。かがみつづけで、おまけに休みなくゲッゲッ……といいながら、こんなヒナを二時間も散歩させてやるつらさを想像してほしい。

科学にたいする興味から、私はほんとうに何時間もの間、このうんざりする仕事にうちこんだ。聖霊降臨祭の日曜日、私は卵からかえって一日目の子ガモをつれて、五月の草が青々としげった庭の中を、腰をかがめ、ゲッゲッゲッとわめきながら歩きまわっていた。子ガモたちが私のあとから従順にそして正確についてくるので、私はいささか有頂天になっていた。ところ

がふと私が見上げたら、蒼白い顔が一列になって、庭の垣根にぶら下がっているのが目にはいった。観光客の一隊だった。彼らは垣根にしがみつき、たまげんばかりの様子で私をみつめていた。それも当然だろう。口ひげを生やした大の紳士が地べたにかがみこみ、肩ごしにふりかえってなにかを見ながら、草地の中をゴソゴソ歩きまわっていて、おまけにたえずゲッゲッとわめきつづけていたのだから。けれども、けれども、この場の救いの主であり、すべてを説明してくれる子ガモたちは、高くしげった草のかげになって、びっくり仰天している群集の目からはみえないのであった。

前にも述べたように、コクマルガラスは自分たちに「ギャアギャア反応」をおこさせた生きものや、仲間をつかまえた人間を、とても長い間覚えている。このことは私のコロニーで生まれたコクマルガラスに足環をはめるという仕事にとって、かなり重大な障害となった。彼らをつかまえて巣からとりだし、番号を入れたアルミニウムの足環をはめてマークしたいのだが、もしそれをやったらきっと年かさのコクマルガラスが私をみつけるにちがいない。そしたらたちまち、ギャアギャアいう合唱がまきおこることは避けられない。足環ははめたがそれ以後彼らが私をおそれてしまったら、私の研究はまるで妨げられてしまう。そうならぬようにするにはどうしたらよいか？　答えはかんたん、変装することだ。さてなにを着たものか？　こいつもすぐに思いついた。屋根裏の物置の箱の中に、ちゃんとしまってあった。おまけに今の目的には、まさにおあつらえむきだった。それは本来なら毎年十二月六日、セントニコラスの祭り日だけにとりだして着るものであった。つまりそいつは、豪華な黒の毛皮でできた悪魔の衣装で、すっぽり頭にかぶる仮面がつき、さらに二本の角と舌と、長く垂れ下がった、房つきの気味の悪い悪魔めいたしっぽまでくっついていた。

美しい六月のある日、切妻屋根の上から突如としてカラスが荒々しくギャアギャアさわぐ声が聞こえる。思わずひょいと見上げたら、耳も裂けそうにわめきたてる黒い鳥の群れにかこまれて、角を生やし長い尾をひきずり、おそろしい爪を光らせた北国の妖怪が、たぶん暑さのためだろう、舌をだらりとたらしながら、煙突から煙突へとよじ登って歩いている——そしたらきみはなんと思うだろう？　こんどは子ガモの一件とはちがい、その悪魔がピンセットでコクマルガラスのヒナの足にアルミニウムの足環をはめ、それから鳥たちをそおっと巣にもどしてやるところまで、逐一みえたことであろう。足環はめを終わったとき、やっと私は村道に人だかりができていて、例の子ガモのときとおなじくらい茫然とした顔つきで見上げているのに気がついた。だがここで正体をあかしたら、今の仕事の目的はまるで台無しになってしまうから、私は見物人たちのほうへ親しげに悪魔

のしっぽをふっただけで、屋根裏部屋の中へ消えた。

私は三度目にまたもやかろうじて精神病院送りの難をのがれたが、これはオウムのコカに責任がある。復活祭も近づいたころ、私はかなりの金額を支払って、この美しい人なつこい鳥を買ってきた。このあわれむべき鳥は、それまでの囚われの生活でうけた精神的ないたでから立ち直るのに、ほんとに何週間もかかった。最初彼は、自分はもはやなんの拘束もなく、自由に動きまわれるということを理解できなかった。この誇り高い鳥が木の梢にとまって、何度も飛び立とうとしながら、ついにあえてなしえずにいるのは、じつに同情すべき光景であった。彼はもう鎖でつながれていないことを「信じきれずにいた」のである。彼がついにこの抑制に打ち勝ったとき、彼は生き生きした、元気あふれる動物となり、私という人間にたいして、イヌにもおとらぬ感動すべき服従をみせるようになった。

そのころ彼は、夜の間はまだ部屋の中に監禁されていた。朝その部屋から出して自由にしてやると、すぐさま彼は私をさがしにくる。そのとき彼は、おどろくべき知能を発揮するのだった。ほんのちょっとの間で、彼には私のいそうな場所がわかってしまう。まず私の寝室の窓に飛んでくる。もし私がそこにいないと、カモ池のほうへ降りてゆく。つまり、われわれの研究所にあるいろいろな動物の檻《おり》をめぐって、私が朝の点検をする場所を一つ一つ飛びまわるのだ。このたゆまぬ探索行には、危険がなくはなかった。彼はその途中で、もう何度も道に迷ったことがあるのだった。それで私の共同研究者たちには、私のいないときはけっしてこのオウムを外へ出さぬよう、かたくいいふくめてあった。

まぶしいほど晴れわたった六月のある土曜日、私はウィーンから帰ってきて、アルテンベルクの駅へ降りたった。ちょうど気候もよい休日であったので、駅のあたりはわれわれの村を見物にきた観光客一行でこみあっていた。村の大通りへ出て五、六歩いったかいかないか、まだ人ごみもつづいている中で、私はふと空高く飛んでいる一羽の鳥に気がついた。私はそれが何鳥だか、すぐにはわからなかった。その鳥はおなじ調子で何回かゆっくりと翼を打ち、つぎに翼を打つのをやめてスーッと滑空する。これを規則正しくくりかえした。ノスリだろうか？それにしては翼の打ちかたも体つきも重々しすぎる。コウノトリにしてはどうも小さすぎるし、それにコウノトリならあの高さでも首と脚がみえるはずだ。そのとき鳥はむきをかえた。そこでそれまで上からさしていた日光が、一瞬間、大きな翼の下側をてらした。それは空の青の中で星のようにきらめいた。その鳥は白かったのだ。もう疑う余地もない。それは私のオウムのコカだったのである。あんなに高く飛んでいるのは、きっと遠くまで飛んでゆこうとしているにちがいない。渡りのときの規則正しい飛びかたをしているからには、どこか遠くへいってしまうつもりだ。

さあ、どうしたらよいだろう？　とにかく鳥を呼びよせることだ。ところできみはオウムが

飛びながら仲間を呼ぶ声を聞いたことがあるだろうか？　ない？　それなら、旧式のブタの畜殺法はご存じだろう。あのときブタがふりしぼる最大の声を優秀なマイクロフォンでとらえ、それを拡声機で四倍に増幅したものを想像してほしい。人間の声でまねるなら、ありったけの声をふりしぼって「オエー、オエー」と叫べば、なお弱いとはいえほぼ近い音がでる。すでに私はあのオウムがこのまね声を理解し、聞いたらすぐに舞いもどってくるのをたしかめてあった。だがあんな高い所でも大丈夫だろうか？　どんな鳥でも、降下しようとするときには、まっすぐ飛んだり舞い上がったりするときより、はるかに強い決心を要するものだ。呼ぼうか、それともやめようか？　呼んで、鳥が降りてくれれば問題はない。けれど、悠々《ゆうゆう》と空を飛びつづけていたら、どうなるんだ？　人垣にむかって私のわめき声をなんと説明したらよいだろう？

けれどもついに、私はわめいた。あたりの人びとは雷に打たれでもしたように、立ちすくんだ。鳥は一瞬ためらった。だが、すぐさま白い翼をたたみ、さっと急降下してきて私が高くさしのべた腕にとまった。やれやれ、こんども事無きをえた。

このオウムのいたずらが、私を心底から仰天させたこともある。ウィーン大学教授で外科医であった私の父は当時もうかなりの老人であったけれど、家の南西側にあるテラスの下に長椅《ながい》子《す》をもちだして、そこで昼寝をするのが日課になっていた。医学的な見地からみて、私は父がギラギラする真昼の太陽に体をさらすことに賛成しかねたが、父は自分の昔からの習慣に口出しはさせなかった。ある日、ちょうど父の昼寝の時間、テラスのあたりで父がなにかやたらにわめいている声がした。私が大急ぎで家の角をまわってかけつけてみると、前へかがみこんで腕で腹をおさえながら、よたよたとテラスをのぼってゆく父の姿が目にはいった。

「どうしたんです？　気分でも悪くなったんですか？」「いいや、気分なんか悪くないよ」憤慨したように父は答えた。「あの血迷った鳥のやつが、おれの寝てるまにズボンのボタンをすっかりむしりとってしまったんだ」

まさにそのとおりであった。現場検証してみたら、この老教授の全身がボタンとなってちらばっていた。あそこに腕、こっちに腰、むこうにはまごうかたなきMボタン。

オウムのいたずらはその独創的な発明の才と計画性という点では、まさにサルや人間の子を思わせるものがある。なかでもけっさくだったものの一つは、このオウムが私の母を熱烈に愛していたためにおこったことである。夏の間、母は庭にでている間じゅう編物の手を休めなかった。やわらかい毛糸の玉がどんなふうに動き、なにになっていくのかをオウムはちゃんと知っているようであった。ちょっと油断したすきに、くちばしで毛糸のはじをくわえ、うしろに毛糸の玉をクルクルとひきずりながら、勢いよく飛び立つ。そして長い尾のついたタコのように、空高く舞い上がり、当時庭にそびえていたボダイジュの大木のまわりを輪をかいて飛びまわるのだった。ある日、たまたま彼のいたずらをとめるものがいなかったので、彼は色とりどりの毛糸を木のてっぺんまですっかりぐるぐるに巻きつけてしまった。毛糸はいりくんだ梢にからまって、もうおいそれとははずせなかった。私の家へやってきた客たちは、この木の前へくると口もきけぬくらいおどろいて、しばらくつったっていたものである。なんのためにこんなにきれいに木を飾ったのか、いったいどうやって毛糸をまいたのか、だれ一人わかったものはいなかった。

このオウムはじつにけっさくな方法で私の母のごきげんをとった。彼は変ちくりんなかっこうをしながら母のまわりを踊りまわり、ゆくさきざき、どこへでもついてゆく。母がいないと、彼はむかし私をさがしまわったときのように、一生懸命になって母をさがしてあるくのであった。母には四人の姉妹があった。ある日この叔母たちが同年輩の知り合いの奥さんたちを連れてやってきて、うちのヴェランダでお茶のパーティということになった。みんなは大きなテーブルをかこんですわっていた。めいめいの前の小皿には、家でとれたすばらしいイチゴが盛ってあり、テーブルのまんなかには、とびきりきめのこまかい上等の粉砂糖が、まっ平らで大きなピカピカした皿に入れておいてあった。そこへ、偶然にか故意にか、このオウムが通りかかり、ホステス役をつとめていた母の姿を外からみつけた。つぎの瞬間、オウムはあぶなっかしい急降下をして、広いとはいってもオウムが翼を広げてはとても通れないくらいの戸口をたくみに通りぬけていた。彼は母が一人で編物をしていると思いこみ、いっしょにすわってお相手をするつもりで、テーブルのまんなかへ着陸しようとしたのである。ところが着陸地点には飛行技術上たいへん邪魔になるものがいろいろとおかれている。おまけにそのまわりを、まるきり見知らぬ人たちがとりまいているではないか。彼は事態を察知して、ふたたびヘリコプターのように舞い

上がった。テーブルの上には旋風がまきおこった。そしてつぎの瞬間、オウムはもう一陣、新たな風を残して、もときたドアからどこへともなく姿を消した。それと同時に、このプロペラの風が平たい皿の上の砂糖にふきつけ、砂糖はほこりのように舞い上がった。テーブルのまわりには、白い粉をまともにかぶって雪のように白くなった七人のご婦人たち、七人のロココ女性が、目もあけられずにすわっていた。バンザーイ！

12　モラルと武器

三月もまだ浅いある日曜日のこと、そろそろ復活祭も近づいたので、私たちは高くそびえたブナの森へでかけた。美しく茂った樹々はウィーンの森じゅうさがしても、これほどの場所はまたとあるまいと思われるほどだ。やがて私たちは森の中の開《ひら》けた草地に近づいた。ブナの高いつるつるした幹は、森をふちどるこんもりしたヒースのやぶにかわる。私たちは足どりをゆるめ、これまで以上にあたりに気をくばりだした。いよいよ最後のやぶをくぐりぬければ、平らな草地へ出る。そこまできて私たちは、あらゆる野生の動物が、そして動物通《つう》やイノシシやヒョウや狩人や動物学者たちが、そうしたときにきっとするようにふるまった——つまり、いきなり草地へとびださずに、注意深くやぶの中からむこうをうかがったのである。こうすれば、自分の姿をかくしたまま相手の姿をみることができる。それは狩るものにとっても、狩られる

ものにとっても有利なことなのだ。

むかしながらのこの作戦は、このときもみごとに成功した。風はむこうから吹いていたので、むこうが気づかぬうちに、私たちはちゃんとむこうの姿をみつけてしまった。つまり私たちは草地のまんなかにすわっている一匹の大きな太ったノウサギをみつけたのだ。彼は私たちに背をむけてすわっており、V字形に立てた耳をすましながら、なにかをみつめていた。どうやら彼の注意は、せまい草地のむこうの縁にむけられているらしかった。はたせるかな、やがてそのあたりからもう一匹、おなじくらいの大きさのノウサギが姿をあらわし、ゆっくり、堂々とした足どりで、第一のノウサギのほうへ跳ねてきた。そして、まずは格式ばったあいさつをかわした。このあいさつは二匹のイヌがよくやる例の儀式に似ていないこともない。だがたちまち、二匹のウサギはなんとも奇妙なグルグルまわりをおっぱじめた。それぞれ頭を相手のしっぽへぴったりつけたまま、小さな円を描いてグルグルかけまわるのである。そのうちに緊張が最高潮に達し、ついに突然、闘いが開始される。それはまさに、人間が長いこと相手とにらみあっていたあげく、どちらももはやその緊張に耐えきれないと感じたその瞬間、実力に訴えるのとおなじことである。二匹のノウサギは後肢で高く立ち上がってむかいあい、前肢で相手

をなぐりつける。つづいて二匹とも空中に跳び上がる。そしてキーキー、グッグッと鳴きながら、後肢を使ってなにかおそろしい断固たる行為をするらしいのだが、あまりすばしこいので、高速度撮影でもせぬかぎりそのこまかい動作はわかりそうもない。やがて二匹はいちおう気がすんだらしく、またグルグルまわりの追いかけっこになる。もっともこんどは、はじめよりもうんと速い。つづいてまた、さらにはげしい格闘がはじまる。二匹の闘士たちは闘いに熱中しきっていたので、私は小さい娘といっしょに、彼らのごく間近まで近よってゆくことができた。もちろん足音を忍ばせての話だ。まともなノウサギだったら、もうとっくに気づいていたことだろう。だが三月のウサギが正気でないのは、だれでも知っているとおりだ。イギリス人はいみじくもいいならわしている――「三月ウサギのように狂ってる」。とにかくこのノウサギの試合はまったくこっけいだった。あまりこっけいだったので、動物を観察するときは静かにしてるんだよ、ときびしく教えこまれていた私の娘も、ついにこらえきれずにふきだしてしまった。さすがの三月ウサギたちも、これにはもちろんたまげた。二匹は二つの方向へ消しとんだ。そして草原にはもうなにもいなかった。ちょうど中央には、ノウサギの毛の大きなかたまりが一つ、ヤナギの綿のようにフワフワと空中に浮かんでいた。

武器をもたぬウサギのこのすさまじい闘い、おとなしいウサギのこんなはげしい怒り！　これはこっけいなばかりでなく、われわれに深い印象をさえ与える。だがノウサギはほんとうにおとなしいのであろうか？　もし動物園で、ワシやライオン、あるいはオオカミが二匹で争っているのを見たら、だれだってきっと笑う気にはなれないだろう。だがその二匹の猛《もう》獣にも猛禽《きん》にも、ノウサギにおこる以上のことはおこらない。たいていの人は、肉食性の動物と草食性の動物とに、まるで不当な道徳的なものさしをあてはめることに慣らされてきている。ドイツのメルヒェンにも、ゲーテの「ライネケ狐」にも、「動物たち」は人間の社会にも比すべき血《ゲマ》縁社会《インシャフト》として表現されている。まるで、「動物たち」は「人類」と同様に、一つの同じ種《しゅ》に属するとでもいわんばかりだ。そこで、ある動物がほかの動物を殺すことは、まさに一人の人間が同類を殺すのにひとしい悪事とされるのである。たとえば、キツネが一匹のノウサギを引き裂いたとしよう。その行為はけっして人間の狩人が同様な動機からノウサギを射ったようにはみなされず、おそらくは、毎日のように百姓を射ち殺しては焼いて夕食にする林務官とおなじにみなされるのだ。「悪い」肉食獣は殺人犯の烙印《らくいん》をおされている。ドイツ語では肉食獣のことを虐殺獣という。なぜ「狩猟」獣とはいわないで、「虐殺」獣などというんだろう？　すでにこのことばの中に、誤って道徳化された擬人化がひそんでいる。虐殺とか殺人とかいう概念は、同じ人間の仲間、同族にたいする罪悪にかぎられるべきなのだ。そして同族同士では、たいていの肉食獣は無害な草食獣とまったくおなじくらい、社交的に、「礼儀正しく」ふるまうのだ。「まったくおなじくらい」だって？　もうすこしよくしらべてみよう。

まずさらに一つ、別の話をしなくてはならない。

二羽のヨーロッパキジバトやジュズカケバトの争いは、ノウサギの闘いよりもはるかに平和的だと思われよう。あの小さいくちばしでそっとつついたり、やわらかい翼で軽く打ったりするのはまったく愛くるしく、とうていはげしく傷つけあうはずなんかないじゃないか——人はこう考えるにきまっている。かつて私はある理由から、アフリカ産のジュズカケバトと当地産でこれよりいくぶんおとなしいヨーロッパキジバトとの交雑品種を育成してみようと思ったことがあった。そのために私は、手飼いの馴れたヨーロッパキジバトのオスを、メスのジュズカケバトといっしょにして、広い籠《かご》の中に入れておいた。最初二羽の間にはちょっとしたいざこざがみられたが、なにたいしたことはあるまい、どうせやがては愛しあう仲だ。私はそれ以上気にしなかった。この愛とやさしさの象徴たちがたがいに傷つけあうはずなんかあるものか。

私は安心しきってウィーンへ用たしにでかけた。あくる日帰ってみると、ぞっとするような光景がくり広げられていた。キジバトは籠《かご》の一隅の床にたおれていた。その後頭部と首のうしろ側、さらに背中じゅうが、尾のつけ根にいたるまで羽毛をむしられて丸坊主に

されていたばかりでなく、一面にベロリと皮をむかれていた。この赤裸の傷口のまんなかに、もう一羽の平和のハトがえものをかかえたワシのようにふんぞりかえっていた。擬人化の好きな観察者ならさだめし共感を呼ぶであろうその物思いに沈んだ顔つきで、この畜生は文字どおり「踏みにじられた」相手の傷をなおもたえまなくつつきまわしていた。たおれているハトが最後の力をふりしぼって逃げだそうとおきなおるやいなや、ジュズカケバトはすぐに押したおし、やわらかいはずの翼で相手を床に打ちのめす。そしてふたたび冷酷きわまる、いびり殺しの作業にとりかかる。しかも自分ももう疲れて、ついうとうとと目を閉じかけてはまた開く、という始末なのだ。争いのさいに、やはり相手の皮をはぎとる多くの魚類のほかには、私は同族の仲間をこんなにひどく傷つける脊椎動物をみたことがない。

もしこれが肉食獣だったら、自然からおそろしい武器を授けられたあの血に飢えた猛獣だったら、仲間への怒りはどんなにはげしいことだろう！　ハトのようにほとんど武器というものをもたない草食性の動物でさえ、死ぬほど傷つけあうのだから、二匹のオオカミの闘争ともなったら、どんなにかおそろしいことだろう。

たしかに、だれもがそう思うにちがいない。だがそう思ってはならぬことを、読者はもうたぶんご存じのはずだ。すなわち、ほんとうにどうなるかを見とどける可能性があるかぎり、勝手な想像をたくましゅうしてはいけないのだ。まずわれわれは自然科学者として、二匹のオオカミが、大きな狂暴な猛獣であるオオカミが、仮借《かしゃく》ない残酷さの権化であるあのオオカミが、真剣に闘いあうときにどんなことがおこるかをみてみようではないか。別にアラスカくんだりまで出かけて、ジャック・ロンドンの橇《そり》イヌやオオカミをみる必要はない。私はロンドン近郊にあるウィプスネードのすばらしい動物園に、何度かいったことがある。そこにはトウヒの生い茂った広大な囲いの中で、オオカミの大きな群れが野生と変わりない状態で生活している。そこで私は二匹のオスのオオカミの真剣な闘いを観察する機会を得た。けれど、もしわれわれがすでに何度でも見ているはずのものを思いうかべさえすれば、どこへも出かける必要はない。それはつまりイヌのけんかだ。彼らもまた、その野生の祖先たち、すなわちオオカミやジャッカルと同じ闘いのルールを固守しているのである。

二匹のイヌ（オスのおとなだ）が道で出あう。肢を硬直させて、尾をピンとたて、首筋と肩の毛をいくぶん逆立てて、二匹はたがいに歩みよる。近よるにつれて、二匹はますます背を高くしてキッとなり、毛もますます逆立ってくる。そして相手に近づく足どりは、しだいにゆっくりしたものとなってゆく。彼らは威嚇しあう二羽のオンドリがするように、頭と頭、額《ひたい》と額をつきあわせるようなことはしない。たがいがすれちがうように進んでいって、ついには横腹と横腹、頭と尾が向きあうことになる。そこで、たがいに相手の尻を嗅《か》ぎあうという型どおりの儀式がはじまる。もしどちらか一方が闘いの発展のこの段階で不安を感じると、彼はたちま

ちしっぽを垂れ、さっさと一八〇度むきをかえて、相手がそれ以上尻を嗅《か》げないようにしてしまう。けれども、二匹がともに依然として威嚇姿勢をとりつづけるならば、どちらのしっぽも打ちたてられた軍旗のようにピンと立ったままで、尻の嗅《か》ぎあいもまだまだ長い間つづけられる。ことここにいたっても、まだ万事めでたしめでたしに終わることがある。まず一匹、つぎには両方がそろってしっぽを速く小刻みにふりはじめ、みているほうがハラハラして息づまるようだった事態が、おそろしいことなど何一つないままに、たのしげなイヌのあそびに変わってしまうことがある。

だが、もしこのような解決にいたらないと、事態はますます緊張の度を高めてゆき、しだいにおそろしい様相を呈してくる。鼻にはしわがより、おまけに鼻が上むきにそりかえって、いやらしい狂暴な顔つきになる。相手に向いた側のくちびるはめくれあがり、犬歯がまるみえになる。それからイヌたちは前足で地面をはげしくひっかきはじめ、胸の底から深いうなり声をあげる。そして一瞬、甲高い、神経をつきさすような鳴き声とともに、闘いが爆発する。

私がさっき、ウィプスネードでみたといった二匹のオスのオオカミの闘いも、これとよく似た経過をたどった。こみあげる怒りをおさえつけたようなオオカミのうなり声は、イヌのより静かでしかもはるかに威圧的であった。じつは私はその声を聞いて、二匹の紛争に気づいたのである。片方はうすい灰色の年長のオオカミ、もう一匹は大きさはそれに劣らぬが明らかに若いやつだった。二匹はむきあって立ちはだかり、おどろくべき「足わざ」で、ものすごく小さい円を描いてグルグル相手を追いまわしあっていた。電光さながら、目にもとまらぬ速さでかんではかみ返す二匹の間で、おそろしい牙が矢のようにゆきかうのがみえる。が、それ以上いまわしい事態は何一つおこらなかった。オオカミは相手の白い牙めがけてかみつくにすぎないのだ。もちろん、相手の牙はするどい攻撃を軽く受けながしてしまう。ただ二匹とも、くちびるに切傷を二つ三つ負っているようにみえるだけであった。けれども、そうこうするうちに、若いほうのオオカミはだんだんと押しまくられていった。どうやら、もう一方の経験をつんだやつは、こいつを囲いの格子に押しつけてしまうつもりらしい。とうとう予想どおり、若いほうは針金にぶつかってつまずき、年長のオオカミがその上にのしかかった。だがそのとき、驚嘆すべきことがおこった。つまり、人が予想するのとはまさに正反対のことがおこったのである。

ころげまわる二つの灰色の体が、突如としてぴたりと止まった。二匹は肩と肩を押しつけあったまま、静かに、まったく静かにつっ立っている。だが二匹のむきは、もはやはじめのときとは反対になっていた。つまり、どちらも頭を同じ方向に向けているのである。二匹は腹立たしげにうなっている。年長のほうは低いバスで、若いほうはいささか甲高い声で。だが、二匹の猛獣の姿勢に注意してみよう。年長のオオカミは、そのおそろしい口を若いほうの首すじすれすれに近づけている。そして若いほうは、頭を垂れ、彼の体の急所中の急所である首すじを、まったく無防備のまま敵の前にさらしているのだ！　皮膚一枚をへだてて太い静脈の走っている彼のうなじから、わずか三センチもはなれぬところには、だらりとたれた舌の間に敵の牙が光っている。それまでの闘いの間には、二匹とも体じゅうで傷つけられぬ唯一の部分つまり牙だけを相手の攻撃にさらし、首すじは守るようにしていたのに、いまや敗者は、一かみされても命にかかわるこの部分をわざと相手にさしだしているようにみえる。いや、そうみえるだけではない。おどろくべきことには、ほんとうにそうなのである。

前にも述べたとおり、同じような光景は、そこいらの野良イヌで、いつでもどこでもみられる。だが、あまりに身近な家畜であるイヌを例にするよりも、残虐性の象徴にされている野獣を例にしたほうが、この行動をいっそう印象的に、いっそうの説得力をもって記述できるだろうと思ったので、私はあえてウィプスネードのオオカミを引き合いにだしたのだ。

ところでわれわれは、さっきの二匹のオオカミをおそろしく緊張した状況にほっぽらかしにしたままだ。これは私の筆のはこびの罪ではない。なぜなら、この一種独特な状況は、ほんとに数秒間もつづくからである。この数秒は見ているものには数分間にも感じられる。負けたほうのオオカミには、きっと何時間もの長さに思われるだろう。いつ強いほうがかみつくか、いつ彼の牙が敗北者の静脈を引き裂くか、まったくハラハラさせられてしまう。

だが、勝ったほうのオオカミやイヌは、この状況のもとではまずけっしてかみつくことはない。みていればわかるとおり、彼はほんとはかみつきたいのだが、それができないのだ。そしてまた、このような状況で相手に首すじをさしだしているイヌやオオカミは、けっして本気でかまれることはない。相手は吠えたりうなったり、歯をガチガチいわせたり、じっさいにはかみついてもいないのに空中で相手をくわえてふり殺すような動作をしたりする。もちろん、じっさいにかみつくという行動にたいする、この注目すべき抑制は、降伏者のほうが「服従の姿勢」をとっている間だけしかつづかない。二匹がその闘いをいきなりやめてしまうので、勝利者はなんとも奇妙な姿勢のままで敗北者にのしかかっていることがある。この「道徳的な勝者」は、もはやじっさいにかみつくことはできない。彼は降伏した相手の首すじに鼻先をつきつけた姿勢のままじっとしているのだが、しだいにそれに飽きてくる。そこで彼が二、三歩ひきさがると、敗北者はさっそく逃亡を試みるが、まずそれに成功することはない。敗者がこわばった服従の姿勢をくずすやいなや、嵐のように勝者がのしかかってきて、不幸な敗者はまたもや頭を下げ、首すじをさし出して、じっと服従の姿勢をとらなくてはならない。あたかも、勝利者は相手が服従の姿勢を捨てて、うずうずしながら狙っていた攻撃の可能性を彼に与えてくれるのを、期待しているようにみえる。敗北者にとって幸いなことに、闘いののち勝利者はある抗しがたい衝動にかられる。すなわち決戦のおこなわれた場所に一種の「においの記号」をつけ、自分の個人的所有物として明らかにしておこうとするのである。いいかえると、彼は近くに立っている木やそのほかのものにむかって、片足をあげずにはいられなくなるのだ。そしてこの所有主張の儀式のとき、負けたほうのイヌは、これ幸いと退散してしまうのがふつうである。

よくあることだが、ここでもわれわれはこの偶然の観察から、どこにでもみられ、毎日毎日ちがう衣《ころも》をまとってわれわれの前に姿をあらわしている一つの謎に気づくのである。すなわち、社会的抑制というものはすこしも珍しいものではない。むしろあまりによくみかけるから、あらためて考えてみる気もおこさせぬほど当然のことと受けとられているのだ。有名なことわざで、カラスは仲間の目玉をえぐらない、というのがある。これはことわざとしては例外的に正しい。飼い主になついたハシボソガラスやワタリガラスは、同族の仲間の目玉もつつかないし、飼い主の目玉をつつくこともほとんどない。いつか、私が自分で飼っていたワタリガラスのロアを腕にとまらせて、わざと顔を彼のくちばしに近づけ、下むきに曲がったそのおそろしい先端すれすれに私の目の玉をさしだしたことがある。するとロアはじつに感動的なことをやった。彼は神経質というか、なかば苦しむような動作で、くちばしを私の目から遠ざけたのである。

それはまるで、ひげをそっている父親のところへ小さい娘がやってきて、ちっぽけな不器用な手をつきだしたとき、父親が急いでカミソリを遠ざけるのとそっくりだった。

ただ特定の場合にかぎっては、ロアが私の目にくちばしを近づけることがあった。それはいわゆる「社会的毛づくろい」の場合である。多くの社会生活をする高等動物、すなわち鳥や哺乳類、とくにサル類では、自分では手のとどかない部分の手入れを仲間にゆだねる。とくに頭と目のまわりの清掃と手入れは、もっぱら仲間の手伝いにたよっている。コクマルガラスの話のところで、私は彼らが仲間の頭の羽毛をつくろってやる姿勢のことを述べた。私がカラスたちのするとおりに、自分の頭をすこしかたむけ、目をなかば閉じて頭をロアにさしだしてやると、別に髪の毛はカラスのように逆立ってなぞいないのだが、ロアはただちにこの身振りを理解して、毛づくろいをはじめるのであった。そのとき彼はけっして私の頭の皮膚をつっついたりしたことはない。カラスは頭の皮膚がとてもやわらかく、手荒なあつかいには耐えられないのだ。彼はじつに驚くべき注意深さで、手近の頭髪を一本一本くちばしで梳《す》いてつくろうのだ。そのときロアは、ほんとに真剣に熱中している。ノミとり中のサルや手術中の外科医そっくりだ。いやこれはけっして冗談のつもりじゃない。類人猿の毛づくろいは、ノミ

やシラミをとるためのものではない。サルにはノミもシラミもほとんどいないのだ。かといってそれは、皮膚をきれいにするためばかりのものでもない。彼らの毛づくろいは、刺《とげ》をぬいたり、皮膚の小さなできものをとりのけたりするまさに興味ある手術でもあるのだ。

　あの大きな、意地悪げに曲がったカラスのくちばしを人間の目玉に近づけるのは、なんともおそろしいことにきまっている。私がこれをやってみせるたびに、みている人から忠告された。「どうなるかわからないじゃありませんか。猛獣はやっぱり猛獣なんですから。ばかなことはおやめなさいよ」。すると私はいつも逆説的にこう答えることにしていた。「そういうあなたのほうが、カラスより、もっと危険なのかもしれませんよ」。じっさい妄念《もうねん》をたくみに内に秘めていた被害妄想患者に、いきなり射ち殺された人の例がいくらもある。私に忠告してくれる人がそのような患者であるという可能性だって、万が一にはありうるだろう。けれども健全なワタリガラスの親鳥が、目をつつく動作の抑制をなにか未知の理由から突然に失うということは、まずない。少なくともその可能性は、親切に忠告してくれていた人がいきなり私におそいかかってくる可能性よりも、はるかに少ないのである。

　なぜイヌは首すじをかむ行動の抑制をもち、カラスは仲間の目玉をつつく行動の抑制をもつ

のだろう？　なぜジュズカケバトは「同類虐殺を防ぐ保障」を一つももっていないのだろう？この「なぜ？」にたいしては、ほんとうに因果的な答えをすることはできない。どうしても答えは、この過程の歴史的説明になってしまう。つまり、狩猟動物における危険な武器の発達と並行して、このような抑制が進化的にどのように発達してきたか、ということだ。なぜ、なんのために、武器をもつ狩猟動物がこんな抑制をもっているのかは、おのずと明らかである。もしワタリガラスがなんの抑制ももたず、なんでもキラキラ光る動くものをつつき、彼の兄弟や妻やヒナたちの目玉をつつきまわっていたとしたら、もはやこの地上には一羽のワタリガラスも存在していなかったろう。同様なことはオオカミやイヌにもいえる。彼らがほかの対象とのみさかいもなく、抑制もなしに、いきなり群れの仲間の首すじめがけてかみつき、ちょうど子イヌがよく飼い主のスリッパにかみついてふりまわすように、仲間をふり殺してきたとしたら、いったいどうなっていたことか？

　ジュズカケバトはそのような抑制を必要としない。この動物は相手を傷つける力がごく弱く、おまけに逃げだす能力がじつによく発達しているからである。したがって、ハトのようにくちばしが弱く、つつかれても羽毛が二、三本ぬける程度の武器しかもたぬ鳥同士なら、そのような抑制なしでも十分やってゆけるわけだ。負けたと感じたほうのハトは、相手から第二の攻撃が加えられる前に、さっさと逃げてしまう。けれど、せまい檻《おり》のように不自然な条件のもとでは、負けたハトはすばやく逃れる可能性を封じられてしまう。そこでいよいよ、このハトには仲間を傷つけ苛《さいな》むことを妨げる抑制が欠けていることが、完全に露呈されてしまうのだ。きわめて多くの「平和的な」草食動物は、やはりこのような抑制をもっていない。このことは、これらの動物をせまい檻《おり》にたくさんつめこんでおくとすぐにわかる。もっともいまわしくおよそ抑制などを知らない血に飢えた殺人鬼は、ハトについでやさしさのシンボルとされ、フェリックス・ザルテンによって少々いや味なほど賛美されたノロジカの「バンビ」である。

この性《しょう》の悪いけものは、おまけに角という武器までもっている。しかもその角の使用にはほとんど抑制がないのである。この動物は、角を「勝手に使える」のだ。なぜなら、どんなに弱いノロジカでも、最強のオスの攻撃から逃れるに十分な逃走能力をもっているからである。オスのノロジカをメスといっしょに飼うとしたら、ものすごく大きな囲いが必要だ。せまい檻《おり》だと、彼は目につく仲間は彼らの「ご婦人」にいたるまでみな一隅においつめて、容赦なく殺してしまうのである。

虐殺を防ぐためにノロジカのもっている唯一の「保障」といえば、おそいかかるオスの攻撃が、比較的ゆっくりしていることだけだ。彼はオスのヒツジがやるように、頭をぐっと下げ、相手めがけておどりかかるようなことはしない。自分の角で相手の角に注意深くさわりながら、がっちとした抵抗にでくわしたとき、はじめて本気で死の突撃を加える。アメリカ人の動物園長ホーナディの統計的調査によると、よく馴れたノロジカのオスは、毎年、動物園に飼われているライオンやトラよりも多くの事故をおこしているそうである。そしておそらくそれは、まず次のことによるのだろうという。すなわちオスのノロジカがゆっくり近よってきても、動物をよく知らぬ人たちはそれが彼らの真剣な攻撃であるとは気がつかない。彼が角でさわってきて、危険なくらい近づいても、人びとはまださして重大なことだとは思わない。だがここまできてしまうと、やにわにそのおどろくほど強力な武器の攻撃が開始される。一突き、また一突き、刺し貫かんばかりの勢いだ。もしその人が機を逸せず、相手の角をぐっと両手でつかむことができたら、まず幸せというべきだ。そうなったらこんどは、汗を流し、手の皮をすりむいてのおしっくらだ。けれど、そうとうな力持ちでも、ノロジカのオスに勝つのは容易でない。とにかくなんとかしてけものの横にまわりこみ、そいつの首をぐいと下におさえこんでしまわなくてはならないのだ。もちろんだれでも、助けを求めてわめくのははずかしい。そこでついに、腹をグサリとやられてしまうわけなのだ。

だから、もし一匹のすばらしいよく馴れたノロジカが、独特の足どりで角を優美にゆらめかしながら、親しげにたのしげにきみ

のほうへ近よってきたら、彼が角できみの体にさわりだすまえに、ステッキか石ころか、さもなくばうんと固めたゲンコで、鼻づらを横からぶんなぐってやることだ（ごめんよ）。

さてこうなると、ほんとうはどれが「よい」動物なのだろう？　なんのおそれも心配もなく私の目をまかせられるほど社会的抑制をもった私の友人ロアだろうか？　それとも、長時間の努力の末、仲間を責め苛《さいな》んで殺してしまったあのやさしいハトだろうか？　そして、もしうまく逃げおおせなかったならば、自分の妻や仲間の子の腹さえも引き裂いてしまうノロジカと、たとえ憎むべき敵といえども相手が情けを乞うかぎり、どうしてもかみつくことのできぬオオカミと、どちらが「悪い」けものだろう？

勝利者の社会的抑制に呼びかける服従の態度とはどんなものか、もうすこしよく考えてみよう。そこでは、勝者が敗者を傷つけること、いや殺すことが、容易になっているのである。つまりそれまで絶望的に身を守ろうと抵抗していた敗北者が相手の攻撃にたいしてかまえていた障害が、いっきょに消失するのである！　これまで知られている社会性動物の服従の態度や姿勢は、すべておなじ原理にもとづいている。情けを乞《こ》うほうの個体は、攻撃者に向かってつねに彼の体のもっとも弱い部分、より正確にいうならば、敵が殺そうとしておそいかかるときに必ずねらう部分をさしだすのだ。大部分の鳥では、後頭部がここにあたる。コクマルガラスが相手に降伏の意をしめそうとするときは、いくらか頭を下げ、グサリとやってくれといわんばかりに、相手のほうへ後頭部をむける。カモメやゴイサギは首を長く平らにのばし、勝者にむかって頭の上面をさしだす。この姿勢をとると、情けを乞《こ》うほうはまったく無防備になるのである。

多くの鶉鶏《ジュンケイ》類では、オス同士の闘いは、闘士の一方が地にたおれ、おさえつけられて、ハトのように頭の皮を引きむかれるまで終わらない。情けを知っているのはわずかに一種類、シチメンチョウだけである。それに応じて、このシチメンチョウだけが、特殊な服従の態度をもっている。それはここでもまた、じっさいの攻撃が企図するものを、先を越して与えてしまうものである。シチメンチョウのオスは、その荒々しいグロテスクな格闘の最中に旗色悪しとみると、突如として地上にはらばい長々と首をのばしてしまう。すると勝ったほうは、私が前にイヌやオオカミについて述べたのとそっくりにふるまう。すなわち、彼は攻撃したいのだができなくなる。いぜんとして威嚇姿勢をとったまま、じっと横たわっている鳥のまわりをぐるぐる歩きまわる。しかしもはや、無防備な相手をつついたりふんづけたりすることはできないのである。

けれどももし、シチメンチョウがクジャクと争ったら、それこそ悲劇だ。この二種の鳥は類縁が近く、オスとしての表現行動もよく似ていて、たがいに敵愾心《てきがいしん》をそそられるため、両者の間にはしばしば争いがおこるのである。シチメンチョウはクジャクより大きくて、体重も重いのに、必ずといってよいほど負けてしまう。クジャクのほうがよく飛べるし、第一、闘いかたがちがうからだ。赤褐色のアメリカ・インディアン（シチメンチョウ）がいよいよ格闘にはいろうと身構えているうちに、青いインド人（クジャク）のほうはさっと空中高く舞い上がり、ナイフのように鋭い蹴爪《けづめ》でシチメンチョウに打ちかかる。自分の種《しゅ》の闘いのルールにてらしてみて、アメリカ・インディアンはこの攻撃は「フェアーでない」と感じ、力はまだありあまっていて、その必要もないのにかかわらず、リングにタオルを投げる。つまり彼は、さっき述べたように地上に伏してしまうのだ。そこでみるも無残なことがおこる。クジャクはシチメンチョウのこの降伏の態度を理解できない。それはクジャクにたいしては無意味であり、したがってなんの抑制も解発しない。無抵抗で地上にひれ伏したシチメンチョウにむかって、クジャクははげしくつきかかり、ふみつける。もしたまたま人が通りかかりでもしなかったら、シチメンチョウはもうだめだ。なぜなら彼は足蹴《あしげ》にされ、打たれれば打たれるほど、ますます服従の姿勢に固まっていってしまう

からである。とびおきて逃げだそうという考えなど、まるきり思いもつかないのだ。

このような服従の身振りが、固定した本能的なものであり、かつ長い進化の産物であることを、はっきり物語る事実がある。それは、多くの鳥において、この身振りを助ける特殊な信号器官が発達しているということである。たとえばクイナのヒナの後頭部には、羽毛の生えていない赤色の部分があって、強い親鳥が攻撃してくると、ヒナはこの部分を意味ありげにさしだしてみせる。そのとき、この部分はなおその赤味をます。このような注目すべき儀式はみな、抑制を受けるべき行動をかえって容易にするような形をとっている。もちろん、イヌは相手が

情けを乞《こ》いながら首すじをさしだしても、けっしてかみつく欲望を失うわけではない。前にもいったように、明らかに彼はかみたいのだがかめないのだ。この抑制が盲目的な反射によるものかどうか、それはさしあたりどうでもよい。とにかく、われわれはすなおにそしてまったく経験的につぎのことを確認しておこう。すなわち負けたと感じた動物は、無防備で相手の攻撃に身をさらすことによって、仲間の強者の攻撃を抑制できる、ということだ。
さて、人間の行動にも似たようなことがみられないだろうか？　ホメーロスのえがいた古代ギリシャの戦士たちは、降伏して情けを乞《こ》おうという

ときに、かぶとと盾を投げすててひざまずき、首を垂れた。明らかにこれは、相手が自分を殺しやすいようにする動作だが、じっさいにはかえって相手のその行為を困難にするものである。このような服従の態度の名残りが、今日《こんにち》なお多くの礼儀作法の中に象徴化されて残っている。おじぎ、脱帽、軍隊の儀式で武器をさしだすこと（たとえば捧げ銃《つつ》）。けれど、ギリシャの戦士たちの情けを乞《こ》う動作は、それほどめざましい効果は発揮しなかったようにみえる。つまり彼らのそうした動作は、勝ちほこる相手に、必ずしも影響を与えなかったらしい。ホメーロスの英雄たちは、少なくともこの点では、オオカミほどやさしい心の持ち主ではなかったようだ。情けを乞《こ》うたにもかかわらず、戦士が無慈悲にも、あるいは慈悲をうけつつも、殺されてしまった例を、ホメーロスはいくつもわれわれに伝えている。ドイツの英雄叙事詩もまた、このような服従の態度の拒絶の例を多数物語っている。降伏者へのあわれみが戦士のきびしいモラルになったのは、やっと中世恋愛詩人時代の騎士道にはいってからのことである。キリスト教的な騎士にしてはじめて、伝統的かつ宗教的なモラルによってオオカミに匹敵するほど騎士道的になったのだ。そして客観的にみれば、オオカミはその自然の衝動と抑制との奥底から騎士道的になっている。なんとおどろくべき逆説で

はないか！

ある動物が同族の仲間にむかってみさかいもなく武器を使用することを禁止するこの抑制は、生まれつきそなわったものであり、本能として確立されたものである。明らかにそれは人間の社会的モラルの単なる機能的類似物にすぎず、せいぜいそのかすかな曙光、いわば進化的な先駆であるにすぎない。比較行動学者は動物の行動を評価するとき、きわめて慎重になる。にもかかわらず、私はここで感覚的な価値判断を下したい。オオカミがかみつけないということを、私は感動的ですばらしいことだと思う。だが相手がそれに信頼しきっているということは、それにもましてすばらしいことではないだろうか。一匹の動物が、自分の命を相手の騎士道的な作法に託すのだ！　ここにはわれわれ人間の学ぶべきことがある。少なくとも私は、それまでどうしても反抗の念を禁じえなかった聖書のあの美しい、そしてしばしば誤解されていることば——「人もし汝の右の頰《ほほ》をうたば、左をもむけよ」というあのことばに、新しい、より深い意味を汲《く》みとった。オオカミが私に教えてくれたのだ。敵に反対の頰《ほほ》をさしだすのは、もっと打たせるためではない。打たせないためにこそ、そうするのだ！

ある種類の動物がその進化の歩みのうちに、一撃で仲間を殺せるほどの武器を発達させたとする。そうなったときその動物は、武器の進化と並行して、種《しゅ》の存続をおびやかしかねないその武器の使用を妨げるような社会的抑制をも発達させねばならなかった。ごくわずかの肉食獣だけは、まったく非社会的な生活をしているので、ほぼそのような抑制なしですませている。彼らは交尾期にだけ顔をあわす。そのときは性の衝動が闘争衝動もふくめた他のすべての衝動に優越してしまうので、これといった社会的抑制はなくともよいのである。シロクマやジャガーはこのような隠者に属している。シェーンブルン動物園開園以来、これらの動物はどちらも一度配偶者殺しをやっているが、これも彼らの今述べたような特性からみておもしろいことだ。ある社会的動物がもつその種《しゅ》特有の遺伝的な衝動・抑制の体系と武装の体系とは、自然からひとまとめにして与えられたものであって、慎重にえらばれた自律的な完全さをそなえている。すべての動物を武装してきた進化的な過程は、同時にまたその衝動と抑制をも発達させてきた。なぜならば、ある動物の体の構造プランと、種《しゅ》に特有な行動様式の遂行プランとは、一つの、ものであるからだ。

自分の体とは無関係に発達した武器をもつ動物が、たった一ついる。したがってこの動物が生まれつきもっている種《しゅ》特有の行動様式はこの武器の使いかたをまるで知らない。武器相応に強力な抑制は用意されていないのだ。この動物は人間である。彼の武器の威力はとどまるところなく増大していく。十年とたたぬうちに、その威力は何倍にもなる。だが生まれつきの衝動と抑制が生ずるには、ある器官が発達するのと同じだけの時間がいる。それは地質学者や天文学者が常用する膨大な桁《けた》の時間であって、歴史学者の時間ではない。われわれの武器は自然から与えられたものではない。われわれがみずからの手で創りだしたのだ。武器を創りだすことと、責任感、つまり人類をわれわれの創造物で滅亡させぬための抑制を創りだすことと、どちらがより容易なことだろうか？　われわれはこの抑制もみずからの手で創りださねばならないのだ。なぜならわれわれの本能にはとうてい信頼しきれないからである。

もう十四年も前の話になるが、一九三五年の十一月、私は「動物のモラルと武器」という論文を、つぎのようなことばで結んだ――「いつかきっと相手の陣営を瞬時にして壊滅しうるような日がやってくる。全人類が二つの陣営に分かたれてしまう日も、やってくるかもしれない。そのときわれわれはどう行動するだろうか。ウサギのようにか、それともオオカミのようにか？　人類の運命はこの問いへの答えによって決定される」。さてわれわれは、いずれの道をえらぶであろうか。

製作上のいくつかのまちがいについて

原著第二版への後悔めいたまえがき

われわれ、つまり、それまでに本など一冊も書いたことのない著者と、本来は法律家で副業的に印刷もやっているけれどまだ一冊も本を出版したことのない女性出版者、そして最後に、じつに抜け目のないやつだがわれわれ三人の中では唯一の文学「プロ」である編集担当者が、去年のあるくつろいだ一夕、数ある動物の本の良し悪しについて論じた末、この小さな本を出版することに決めた。われわれは自分たちのこの産物を心から誇らしく思っているが、そこにいくつかのまちがいがあったことを隠しておくつもりはない。

たとえばまず、「彼、けものども、鳥ども、魚どもと語りき」（***Er redete mit dem Vieh, den Vögeln und den Fischen***）というこの本のタイトルだ！　明らかにこれは誤解されてもしかたがない。私の本の読者の一人は、私にこんな手紙をくれた――「私は手にとったクリスマス・プレゼントのこの本をもう少しでまた手から放してしまうところでした。語りかけられている三つの動物のどの部類に、人間である自分を算入すべきなのか、さっぱりわからなくなってしまったからです」

次は第3章の「水槽の中の三人の殺人犯」という表題についてである。ちゃんと数えてみたらすぐわかるとおり、そこにはゲンゴロウの幼虫とトンボの幼虫（ヤゴ）との二つしかでてこない。三つ目のカワカマスは、編集担当者が削除してしまった。あまり大きすぎたからである（編集担当者ではなくてカワカマスが）。けれど章の表題はそのままにしておいた。それで殺人犯が一人足りないことになってしまったのだ。私は不愉快な成りゆきを懸念《けねん》していた。だが幸いにして、たった一人の読者がこの小さなまちがいに気づいただけだった。それは厳密なことで名の知れわたった、ある学者だった。

ゴールデンハムスターについてのぞっとするような事件もあった。ゴールデンハムスターは、本に書いてあるところでは、かじったり、ものによじ登ったりしないので、部屋の中を自由に走りまわらせておくことができる。われわれのこの本を印刷にまわした直後、私は背の高いマリア・テレジア時代の洋服箪笥《だんす》の上に置いてあった手紙保管箱の中にゴールデンハムスターの巣を一つみつけてしまった。私はたちまち悪い予感におそわれた。一匹の太ったオスのハムスターが、紙は卓越した巣材であることに気づいていて、すばらしいチムニー登攀テクニックを開発しており、そのおかげで箪笥《たんす》と壁の間をよじ登ることができるようになっていた。そして最後には、手紙の束のまん中に球形の部屋をかじりあけ、そうやって得たペーパー・ウールで巣を居心地よくしつらえていたのだ。その保管箱の中に重ねられていた手紙の束は、もはや一種の外枠《そとわく》しか残っていなかった。円形の穴は外へ向かって狭くなっており、射影幾何学者ですら容易には表現できそうもないカーヴをなしていた。そして、手紙の束のいちばん上といちばん下の部分だけが無傷だった。私の親愛なる読者たちからの手紙が、この本の全体的な価値について私を評価することばから、ゴールデンハムスターの章のことへと移ってくると、私は原則として直ちに手紙を手から放した。何と書かれているか、もうわかっていたからだ。私自身、ゴールデンハムスターたちをふたたび檻《おり》の中へ追いやってしまっている。手紙保管箱のせいではない。それ以外のものを彼らはこれまでじっさいに食べたりしたことはなかった。そうではなく、しばらく前から私の部屋に放し飼いにされていたサバクトビネズミを、ハムスターたちがおびやかしかねなかったからである。残念ながら、この間の「徹底調査」のとき、私の妻が上述の齧歯《げっし》類の巣の中に、重大な罪を告発する証拠物件として、じゅうたんの赤と青の毛糸をみつけてしまった（はじめは暗緑色だったのだがその後あわい黄緑色になったしみのついた、あの例の大きなペルシャじゅうたんのことである。十五ページを参照）。そうなると、じゅうたんかトビネズミのどちらかが、私の部屋から出ていかねばならない。どちらが出るべきか、私にはいまだによくはわからない。

最後に私はこのところ、アクアリウムのことでえらく腹立たしい目にあったので、「被害をあたえぬもの――アクアリウム」という第2章の表題がじつに不愉快に感じられる。つまりついこの間のこと、私の百リットル水槽のガラスが一枚、私にあいさつもなく夜の間に割れていて、部屋じゅうが水びたしになった。さらにおとといの朝五時ごろ、私の三つのエア・ポンプが同時にその機能を停止してしまった。少なくともその一つが回復するまで、私は七時間もの間、ポンプと格闘し、たくさんの育ちかけの宝石魚（エトロプルス・マクラートゥス）の稚魚たちを窒息させぬよう闘った。私のこの本には、いかなる場合にもアクアリウムの生物学的平衡《へい》《こう》に相当する以上にたくさんの魚を水槽にいれてはならないと、まさに十分明瞭な警告が述べられている。けれどもその容器には、体長二センチから三センチのエトロプルスのちびたちが、たぶん三百匹ほどいれてあった。ほんとうはせいぜい三十匹が妥当なところだったのに。だからこのポンプ修理の作業は、血管がみつからぬまま大量の出血と闘っている外科医のそれに匹敵するものだった。けれど明日になったら必ず、余分の二百七十四の子魚たちは、ウィーンのいくつかの観賞魚店にくれてやるぞ。

こういうもろもろの経験から私は、いくつかの章のタイトルに腹が立ってきた。第9章は

「ズアオアトリを買うな」となっている（訳書では第8章「なにを飼ったらいいか！」）。そこで私は腹いせに二羽のズアオアトリを買うことにした。それは私の女性共同研究者イルゼ・プレヒトル＝ギレスが、歌鳥たちのヒナの餌乞《ご》い反応について実験的に研究するために育てた、二羽のかわいらしいヒナだった。目下のところ、このヒナたちはすばらしく馴れていて、とても愛くるしい。これはズアオアトリを弁護して私を非難する手紙を下さった愛鳥家の読者たちへの慰めとなろう！

とはいえもちろん、この本に書いてあることは、相対的にみれば、すべて真実である。たった一度でよいからリスを部屋の中で放し飼いにしてみるがよい。そうしたら、ゴールデンハムスターが完全に無害なものに思えるだろう。アクアリウムは確率無限小の特別の場合にしか、被害と憤《いきどお》りをもたらさない。そしてズアオアトリが、今の私のところのヒナのように馴れて愛くるしいままでいることは、まずけっしてないだろう。だからわれわれは、全部、初版のままにしておきましょう＊——そうだとも！

＊殺人犯の数は別だ。（編集担当者の注釈）（原著第二版では「二人の殺人犯」になっている）

訳者あとがき

コンラート・ローレンツ（Konrad Lorenz）博士は、動物に関心をもつものにとって、もはや忘れることのできぬ人である。彼は動物とともに生活しながら、動物のしばしば奇妙な行動が種の維持においていかに重大な役割を果たしているかを、はじめて明確にしめしたのである。相手の動物のもつ遺伝的な行動をひきだす「解発因（Auslöser ; releaser）」としての行動の意義の認識や、鳥のヒナが自分がどの種族に属しているかを知る、きわめて短期間の、しかもやりなおしのきかない学習「刷りこみ（Einprägung ; imprinting）」の研究は、ひとえにローレンツ博士に負うものである。このような問題について、くわしいことはティンベルヘンの『動物のことば』（渡辺・日高・宇野訳、みすず書房刊）その他を参照されたい。

現在、ローレンツ博士は動物というものをいちばんよく知っている人の一人だろう。彼の友アルフレート・ザイツが「いいまちがえた」とき（第6章）、彼はその話をだれかにしてみたくなった。つづいてみんなに話してみたくなった。こうして彼は生まれてはじめて本を書いた。それがこの本である。英語版とドイツ語第二版への序文からは、このように読みとれる。

コンラート・ローレンツは一九〇三年十一月七日、オーストリアのウィーンに生まれた。ケーニヒスベルク、ミュンスターなどの大学教授をへて、現在ミュンヘン近郊のゼーヴィーゼンにある、マックス・プランク行動生理学研究所ローレンツ部の部長である。その間、この本に述べられているようにアルテンベルクで幸福な日々がすごされた。

残念ながら私には伝え聞きの知識しかないけれども、彼はきびしい風貌と独特な都会嫌いにもかかわらず、ユーモアゆたかな人らしい。われわれの共感をよぶさし絵も、彼自身とアニー・アイゼンメンガーの手になるものである。ドイツ語版の表題も、***Er redete mit dem Vieh, den Vögeln und den Fischen***（彼、けものども、鳥ども、魚どもと語りき）という変わったものである。この本を贈られて最初どういう種類の本だかわからなかった人がいる、とローレンツはいたずらっぽく書いている。すでに一九五二年、***King Solomon's Ring*** という表題のもとにイギリスで英語版が出版され、アメリカ版もでて、原版とともに多数の版を重ねている。英語版には「ガンの子マルティナ」の章がなく、かわりに「じゃじゃ馬馴らし」"Taming of the shrew"がはいっており、英語国むけにかなり変更が加えられている。この日本語訳では、すべてドイツ語原版（一九六〇年版）にしたがった。ただし、第10章は巻末にまわした。

ローレンツのこったドイツ語には、かなり頭をかかえたこともある。そういうところは、七字慶紀氏に御教示いただいた。植物名は福本日陽氏に、鳥の名前は黒田長礼、黒田長久、浦本昌紀氏にうかがった。行動心理学の術語にはローレンツの発明にかかるものも多く、定訳もない。丘直通、浦本昌紀、蠟山朋雄の諸氏に御相談した結果、私がこの本の文脈に適当と考えられる訳をつけた。そのようなわけで、訳文の責任はすべて私にある。また出版にあたっては、小原秀雄氏、早川書房の高田正吾氏、田中俊夫氏にたいへんお世話になった。これらの方々と印刷所の方々にあつくお礼を申し上げる。

最後に、私に訳者たることを快諾してくださったローレンツ博士、翻訳権を与えてくださったG・ボロータ＝シェーラー女史に心から感謝するとともに、つたないながら訳者として、この本が日本における動物の真の理解の発展に役立ってほしいと思う。

気がついてみたら、今日はローレンツ博士の誕生日であった。彼と彼の動物たちのために、私の研究室では残念にも檻《おり》に入れられているヒメネズミたちをながめながら、ビールで乾杯することにしよう。

日高　敏隆

一九六三年十一月七日

文庫化にあたってのあとがきと解説

旧約聖書によると、諸王の一人ソロモンはたいへん博学で、けものたち、鳥たち、魚たちについても語ったという（列王記Ⅰ　4・33）。聖書のこの記述のちょっとした読みちがいが、ソロモンは魔法の指環をはめて、けものども、鳥ども、魚どもと語った、という有名な言い伝えを生むことになった。

ローレンツはこれに因《ちな》んで、この『ソロモンの指環』のドイツ語版原著（初版は一九四九年出版）に、『彼、けものども、鳥ども、魚どもと語りき』（*Er redete mit dem Vieh, denVögeln und den Fischen*）というい長いタイトルをつけた。訳書には、原著第6章の表題 Salomos Ring による英語版のタイトル（*King Solomon's Ring*）を借りることにした。ドイツ語原著のタイトルはあんまり長すぎるし、ローレンツ自身が原著第二版の「製作上のいくつかのまちがいについて」で書いているとおり、どういう部類の本だかさっぱりわからないだろうと思ったからである。

動物たちのおもしろさに魅せられて動物学の研究者になったぼくが、ローレンツのこの本のおもしろさに魅せられて訳しはじめたころ、ぼくはローレンツ自身には会ったことはなかった。早川書房に話が移るまでは原著の出版社（Dr. G. Borotha-Schoeler 社）からの翻訳権がなかなか得られず、日本語版出版まで何年もかかった。やっと出版に至り、ぼくがその旨をローレンツへの初めての手紙（彼の顔写真を送ってくれるよう頼んだ手紙）に書きそえたとき、ローレンツからの返事にはこうあった――「翻訳権がなかなかとれなかったのは残念だった。でもそれは私の罪ではない。」ぼくはこの一文に文化のちがいを感じた。もちろんこの手紙は今もどこかに大切にとってあるはずだ。

一九七五年、彼が沖縄での海洋博の折りに来日したとき、NHKの計らいで初めて彼に会い、テレビで対談した。「われわれは歴史に学ぶ必要がありますか」といったローレンツに、ぼくは「でも、歴史に学ぶことはできるのでしょうか？」と質問した。彼はしばらく考えてこう答えた――「たしかにそれは不可能かもしれません。われわれが歴史から学べるのは、われわれは歴史からは学べないということです。」その後ぼくは幸いにして、NHKスペシャルの番組で、ノーベル賞受賞後オーストリアに帰ったローレンツをアルム渓谷の彼の研究地に訪ね、ハイイロガンたちとともにいる彼と語ることになった。そしてその後も、何度か晩年の彼に会い、親しく「コンラート」と呼ぶことにもなった。

コンラートは物理学をやっている息子トーマスをことのほかかわいがっていた。「私がかつて日本であなたとしたNHKの対談を、あれはお父さんの対談の中でいちばんよかったよと、トーマスがいつもほめてくれます。」ローレンツはうれしそうにぼくにこう語ってくれたことがある。

そのトーマスが病気で亡くなり、ローレンツの最愛の妻グレーテルも亡くなった。晩年のコンラートは淋しそうだった。

一九八九年二月二十八日、ローレンツが死んだとき、彼が打ち立てた動物行動学は、すでに完全に変貌していた。動物たちの行動は、ローレンツが考えていたように「種の維持」のためのものではなく、個体のためのものであるとみなされるようになった。学問とはそういうものである。

しかし、変わったのは学問であり、つまりわれわれの見方である。動物たちそのものは何一つ変わっていない。そして、動物の行動というものの研究を、学問の重要な分野として確立したのがコンラート・ローレンツであり、その最初の本がこの『ソロモンの指環』であるということも、何一つまったく変わっていない。

この本は動物たちの行動を知る上で、絶対に欠かせないものである。そこには感激があり、感動があり、人間の心の動きがあり、そして現実の動物たちを見る眼がある。現実の動物たちは魔法であると、ローレンツはいつも思っていた。彼がなぜそう思ったか、それはこの本を読めばわかる。

一九九八年三月二日

日高　敏隆

文庫化にあたっては、原著第二版へのまえがきを加え、また、いくつかの個所を訂正した。第二版へのまえがきの翻訳に際していろいろ教えていただいた滋賀県立大の深見茂先生と、編集の上でたいへんお世話になった早川書房の伊藤浩氏に心からお礼を申し上げる。

（文庫版より転載）

新装版訳者あとがき

ローレンツの世界的名著とされるこの『ソロモンの指環』の邦訳が出版されたのは一九六三年のこと。もう四〇年以上も昔になる。出版後何年かの間、なぜかこの本はちっとも売れなかった。だがそのうちに、どういうわけかだんだんと売れだした。

そうなったら早い。何の広告も宣伝もないのに、読者の口コミでどんどん売れていく。ぼくはほっとした。そして何より、とにかくうれしかった。

一九九八年にこの本は文庫化されたが、やっぱり昔のハードカバーで読みたいという声も強かった。そこでこの度、再びこの新装版も出版されることになった。本屋さんから姿を消したあの大型版がまた見られるとは、本当にうれしい気持ちである。

「文庫化にあたってのあとがきと解説」に書いたとおり、ローレンツが開拓した動物行動学は、学説がその後大きく変わった。しかし変わったのは学問であり、動物たちそのものの魅力は何一つ変わっていない。今もぼくはこの本を手にとるたびに、ぼくが初めてこの本を読み、夢中になって訳していったときの感動を、その当時のままにおぼえるのである。

日高　敏隆

二〇〇六年五月二四日

本書は、一九六三年一二月に早川書房より単行本で刊行された
『ソロモンの指環』の新装版です。

ソロモンの指環《ゆびわ》
—動物行動学入門—
2006年6月30日　初版発行
2023年6月25日　6版発行
＊
著　者　コンラート・ローレンツ
訳　者　日高敏隆《ひだかとしたか》
発行者　早川　浩
＊
印刷所　信毎書籍印刷株式会社
製本所　大口製本印刷株式会社
＊
発行所　株式会社　早川書房
東京都千代田区神田多町2−2
電話　03-3252-3111
振替　00160-3-47799
https://www.hayakawa-online.co.jp
定価はカバーに表示してあります
ISBN978-4-15-208738-6　C0045
Printed and bound in Japan
乱丁・落丁本は小社制作部宛お送り下さい。
送料小社負担にてお取りかえいたします。